森のなかのスタジアム

新国立競技場暴走を考える

森まゆみ

みすず書房

目次

・本書は雑誌『みすず』二〇一四年三月号から二〇一五年八月号まで一四回にわたり連載された「2020国立競技場の新築は必要か」に、新たな書き下ろしを加えるなど大幅に手を入れ、図版・資料も付して一冊にしたものです。

・本書に登場する人物の肩書きなどは執筆内容当時のものです。

・本書に収録した写真・図版・表の掲載をご快諾いただいた清水襄、森山高至、後藤健生、今川憲英、伊東豊雄、齋藤さだむ、槇文彦、大野秀敏、浜野安宏（以上掲載順）の皆さま、ジャケットカバーに絵を使用させていただいた安冨歩さんに感謝します。

・本文に収録した賛同人のメッセージは、「神宮外苑と国立競技場を未来へ手わたす会」のホームページより転載させていただいたものです。深く感謝します。

・本書刊行にあたり、校正や資料提供その他ご協力いただいた多児貞子さん、森桜さんはじめ「神宮外苑と国立競技場を未来へ手わたす会」の皆さまに感謝します。

（編集部）

扉写真　撮影　清水襄

1　新国立競技場をここに建てていいのか

人はそれぞれだ。私はほとんどスポーツ観戦に興味がない。カラオケは嫌い、本を読むのは嫌い、旅は嫌い、という人もいるのだから、趣味嗜好の問題であって、サッカーや野球を話題にできなくてもいいと思う。しかし、ひいきのチームや選手がいればこの限りではない。ジャイアンツに松井秀喜がいた頃や、Jリーグで安 貞桓《アン・ジョンファン》が長髪をなびかせていた二十一世紀初頭は、テレビでスポーツ中継も見た。またスポーツそれ自体が嫌いなわけではない。かつては水泳の選手だったし、山登りや馬に乗るのはいまでも好きだ。

だから二度目の東京オリンピックの招致には何の関心も持てないでいた。

あれれ、と思ったのは二〇一三年の九月七日、ブエノスアイレスでの国際オリンピック委員会（IOC）総会で、東京が二〇二〇年のオリンピック招致に成功してしまったときだ。「新しい遺産《レガシー》を生み出しコンパクトな五輪をする」「選手村や新しく必要な競技場は臨海部に作る」「被災地の復興する姿を見せる」といった文言は、新聞で頭の隅をかすめていた。いっぽう東北に先祖をもち、

3・11以降、東北の復興に多少とも関わっている身とすれば、「今この大変なときにオリンピックではないだろう」という醒めた気持ちがある。道路や防潮堤とは裏腹に、復興住宅の建設は遅々として進まず、東京電力福島第一原発事故は依然、収束したというにはほど遠い状況であった。

広告代理店の仕掛けなのだろうか、花の輪飾りのようなオリンピック招致のポスターは、なかなか上品できれいだった。しかし、それを地下鉄や商店街や都バスどころか、小学校の校舎にまで麗々しく張りめぐらせてあるのを見ると、オリンピックに「反対する自由」を奪われているようで、なんとも窮屈だった。商店街で聞くと、あのフラッグを一つぶら下げると商店街に都から二〇〇〇円だか入るそうである。「子どもが学校でオリンピック・グッズをたくさんもらってきます」というお母さんにも会った。招致の雰囲気を盛り上げるために、いったいどのくらいの税金を使うつもりだろう。

二〇一二年五月の第一次選考の際には、ＩＯＣの調査でも賛成は四〇パーセント台で問題となったが、二〇一三年の秋には七〇パーセントを超えたと記憶する。一年半ほどの間に三〇パーセントの人々が考えを変える国というのは、なんだか信用がならない。我が家は家族四人みんなオリンピックに疑問、招致が決まった直後、友人たちと飲みにいった息子が「おれ、一人で浮きまくっていた」というくらい、七年後のオリンピックに町は湧いた。

若い友人も「東京で、この目でオリンピックを見たい」と言う。しらけていると、「森さんは子供のときに見たからいいけど。私たちだって見たい」。これには、ちょっと言葉につまる。私が十歳の一九六四年に、東京でオリンピックが行なわれた。そのとき、たしかに「東京に生まれ育った私ってなんて運がいいんでしょ」と思ったことを、『抱きしめる、東京』（一九九三年刊。現在ポプラ文庫）に書いたことがある。

同年齢の友人たちとオリンピックの思い出を話した。「小学校から駆り出されて、沿道に旗を振りに行ったような覚えがある」「青山通りが拡幅されて広くなって、道路沿いの建物がビルになった」「学校経由で代々木の体育館などの記念切手シートを買った」「記念硬貨も出たはず」「兵隊に行った父が泣いたのを覚えている。「ああ、日本も平和になったんだ」と実感したんじゃない？」「新幹線が通った」

我が家では、オリンピックの東京はうるさいというので、開会式の行なわれる週末に、那須温泉に家族旅行に行った。十月十日土曜日、開会式はホテルのカラーテレビで見た。国立競技場のトラックの赤いアンツーカーの色がきれいだというので、父は帰ってすぐに高いカラーテレビを注文した。十歳の私が最初に覚えたのがアンツーカー、そしてエチオピアのアベベと円谷《つぶらや》幸吉、チェコのチャスラフスカ、砲丸投げのタマラ・プレス、イリナ・プレス姉妹などの選手の名前、そして「オリンピックは参加することに意義がある」という言葉であった。

一九六四年、それはある意味でエポックメーキングな年だった。しかし「実際に競技場で競技を見た」という人は、その日一人もいなかった。「なあんだ、じゃあ九州にいようと北海道で育とうと同じじゃない。テレビで見ただけなんだから」。たぶん、二〇二〇年も同じであろう。開催は七月二十四日から八月九日まで（パラリンピックは八月二十五日から九月六日）。暑い夏のことだし、競技場には行かず、居酒屋でビールを飲みながらニュースで見るくらいに違いない。

そういえば、と別の人が言う。「やたら英語を奨励されたわね。英語が話せないと世界中からのお客さんと交流できないと」「あの年、佃大橋も出来て、佃の渡しもなくなったのよ。あれは風物詩だったし、夏の夜はただで納涼ができたと聞いたわ」「日本橋の上に高速道路が通って麒麟の欄干が見えなくなった」。次々に思い出す。「後楽園にあった罹災者のスラムが撤去された」「浅草寺にいた傷痍軍人も見なくなった」「オリンピック建設ブームで、東北の若者がみんな東京に駆り集められたけど、終わったら仕事がなくて、故郷にも帰れなくて山谷に住み着いた人もいたらしい」

一番覚えているのは、家の前の石やコンクリート製の固定式ゴミ箱が撤去されて、青いポリ容器のゴミ箱になったことである。東京は明治維新のあとの違式詿違《かいい》条例よろしく、ゴミ箱や罹災者バラックや傷痍軍人など、外国人に見てほしくない、恥ずかしいと思うものを隠し、吹き払い、突貫工事を保存に優先させた。今度も同じことが起こるのだろうか？

東京オリンピックで由緒ある建物や町並みの多くは消えた。そのわずかなよすがを探して、私は地域雑誌『谷中・根津・千駄木』を、オリンピック二〇年後の一九八四年から二〇〇九年まで足掛け二六年、編集してきた。私たちの地域が残ったのは震災や戦災であまり焼けなかったせいだと思ってきたが、実は東京オリンピックと関係なかったからでもある。そのとき、客人は羽田空港に降り立ち、競技場は代々木や駒沢で谷根千から遠く、影響は薄かった。東京オリンピックはたしかに敗戦後一九年目、「もはや戦後ではない」と言明した「経済白書」から八年目、敗戦国日本の国力の回復を象徴するような明るいイベントだった。これでようやく「先進国」の仲間入りだ。そしてオリンピックをテコにインフラをふくめ、都市開発が加速されたのも確かである。

一九九九年にベトナムに行ったことがある。ベトナム戦争が終わったのが一九七五年、私が大学二年のときで、印象深く、いまなお戦争の爪痕を予想していた。しかし共産主義国家を名乗りながら、枯れ葉剤などの傷を隠しながら、サイゴン（現ホーチミン）でもハノイでも、表面的にはドイモイ政策で急成長した姿に驚いた。そのとき「ああ戦後二四年か、オリンピックの頃の東京と思えばおかしくない」と妙に納得したのを覚えている。

今回の招致フィルムはよくできていた。近代的都市東京をアピールするより、寿司屋、居酒屋、新聞配達の青年など真面目につつましく働く人々を前面に出し、懐かしさ、律儀さ、そしてジャポニスムまでにじませていた。しかしあれは何だ、小谷実可子さんが説明しているあのUFOみたいな建物は……。

うかつなことに神宮外苑のいまの国立競技場を、一三〇〇億円かけて五倍の延床面積をもつ巨大なもの（競技場）に建て替える計画があると、そのときはじめて知った。すでに二〇一二年七月、国立競技場の管理主体である文部科学省の外郭団体で独立行政法人・日本スポーツ振興センター

（以下略称JSC）が国際デザイン・コンクールを行ない、同年十一月、イラク出身、ロンドン在住の著名な女性建築家、ザハ・ハディド氏が最優秀賞を受賞していた。審査委員長は建築家で東京大学名誉教授の安藤忠雄さん。「世界一を作ろう」がキャッチコピーで、安藤さんは「新しい時代の希望の灯台になるものをつくりたい」、収容人数の「八万人がスピーディに集まり、スピーディに帰れるもの」「資源やエネルギーも少なくなるので、それにも新しいアイディアを」、「世界一楽しい場所」を「市民参加でみんなで作りたい」とJSCの映像で語りかけていた。

しかし応募資格は、日本の高松宮殿下記念世界文化賞、プリツカー賞、RIBA（王立英国建築家協会）ゴールドメダル、AIA（アメリカ建築家協会）ゴールドメダル、UIA（国際建築家連合）ゴールドメダルという国際的に有名な賞を取ったことがあるか、一万五〇〇〇人以上のスタジアムの設計経験がある人に限られた。そうすると日本人では安藤忠雄、磯崎新、槇文彦、そしてコンクールに応募した伊東豊雄、妹島和世（SANAA）ら、わずかな人しか応募できないことになる。募集期間が九月まで二ヶ月間しかない、というのも厳しい条件だった。

ところが、四六の応募作品の中から第一次審査で十一作品にしぼり、その中から選ばれたザハ・ハディド氏の最優秀デザインは、予算が一三〇〇億円なのに実現には三〇〇〇億円かかりそうだという試算が出た（二〇一三年十月十九日）。もし今回、東京でオリンピックが取れなかったら、この計画は流れ、ザハ・ハディド氏には賞金二〇〇〇万円を払って終わったことかもしれない。

しかし、招致決定によって、この流線型の巨大な建物はにわかに現実味を帯びてきた。聞くとこ

新国立競技場ザハ案　（上）コンクール当初の応募案　（下）コンクール当選時案

ろによると、設計事務所の日建設計、梓設計、日本設計、アラップジャパン四社が、これを実現可能にするためにJV（ジョイント・ヴェンチャー／共同企業体）を組み、すでに基本設計に入っているという。

これについて世界的な建築家の槇文彦さんが、論文「新国立競技場案を神宮外苑の歴史的文脈の中で考える」を書き、日本建築家協会の機関誌『JIAマガジン』（二〇一三年八月号）に掲載されたことが建築関係者の間で話題になっていることも知った。元・槇総合計画事務所の所員であり、東京芸術大学教授の元倉眞琴さんに八月に谷中の会合であったとき、「まだ読んでないの？」といわれ、さっそくインターネットに公開されている全文を読んだ。

槇さんは、二五年ほど前に国立競技場に隣接する東京体育館を、敷地に課せられた高さ制限に苦労しながら設計したときのことと比較し、当選案の巨大さ、とくに人間の目の高さからの見え方、敷地の狭さなどを指摘していた。さらに神宮外苑の歴史的文脈について、少子化時代の維持費について、若手建築家にチャンスを与えないコンクールの杜撰さについても、多彩な言及をしていた。この論文がオリンピックが東京に決まる九月より前に書かれ、八月号に載ったのは特に意義がある。

槇文彦さんとは一度、雑誌『東京人』の対談でご一緒し、また指名を受けて著書『見えがくれする都市』（SD選書）のレビューを書いたことがあった。また槇さん設計の代官山ヒルサイドテラスの時間をかけて作られた低層の町並みを好ましく感じていた。そこは九〇年代、「さよなら同潤会代官山アパート展」主宰のためにひと夏通い詰めた土地でもある。

いままであまり縁のなかった神宮外苑の地図や資料を探して読むと、明治神宮外苑は江戸時代は大名屋敷であり、一八八八（明治二十一）年、青山練兵場がつくられ、明治天皇が観兵式をした所である。そして一九一二（大正元）年九月十三日、明治天皇の大喪儀《たいそうのぎ》もここに作られた葬場殿で行なわれた。天皇の遺志により、京都に伏見桃山御陵が作られ、関西に遺骸が去ったあと、天皇を追慕する渋沢栄一などが明治神宮奉賛会を設立し、内苑と外苑が計画された。遺徳を偲ぶという趣旨で聖徳記念絵画館ができ、当時の有名な画家が天皇の業績を絵に表現した。いっぽう、全国から寄付が集まり、青年たちは上京して勤労奉仕で木を植えたり、建設に汗を流した。この功績を讃えて日本青年館ができたらしい。昔、ここで行なわれるコンサートやシンポジウムに参加したことはあるけれど、はあ、そんなこととは知らなかった。

やがて明治天皇と昭憲皇太后（明治天皇の皇后、一条美子《はるこ》）を祀る内苑は、人工にもかかわらず深い森になっていった。明治天皇は相撲や競馬も好きだったことから、外苑には競技場、相撲場、野球場などができてスポーツのメッカになっていった。この外苑計画には渋沢栄一のほかに渋沢の女婿で東京市長の阪谷芳郎などの政治家や財界人が加わり、造園の本多静六、上原敬二、建築の伊東忠太、構造の佐野利器《としかた》など、当時の優秀な林学者、造園家、建築家が意見を戦わせた。このへんは今泉宜子『明治神宮』（新潮選書）に詳しい。

覚えている。一九五九（昭和三十四）年頃、絵画館の前に「子供プール」ができ、父に連れて行かれた。タイルでなくモルタルのあのざらざらした感触のプール。長じて保存運動のため建築史を勉強しだした頃、絵画館の中に入ったこともある。当時はなんだか暗いところで誰もいなかった。

二〇一三年十月十一日、槇文彦、陣内秀信、宮台真司、大野秀敏の四氏をパネリストに、シンポジウム「新国立競技場案を神宮外苑の歴史的文脈の中で考える」が開かれた。参加希望者が多いため場所を急遽、建築家会館から日本青年館に移して行なわれたが、三五〇人収容でも入りきらず、立ち見どころか、ネット中継を視聴できる第二会場まで作る騒ぎだった。

あとで映像で見たのだが、槇さんは「震度六くらいで書いてみました。東京体育館は一九五八年のアジア大会の施設を壊して私が設計したが、そのときも大変な規制がかかっていた。それを思うと今回のプランは敷地が狭いのに二九万平米とは巨大すぎる。五万平米もの商業施設の勝算も明らかではない。コンクールではパース(俯瞰図)一枚だけで、模型も立面図も求められていない。大きすぎるのはザハさんのせいではない。しかし、あんなに狭い敷地に七五メートルまで立ち上がった建物の脇を毎日人々は歩かされる」と疑問を呈した。陣内秀信法政大学教授は神宮内苑と外苑の歴史や渋谷川について語った。社会学者の宮台真司さんはキャリコットの論を引いて、「いま生きている人間の浅ましいニーズで巨大競技場をつくるのは次世代への恥さらし」と述べた。東京大学教授大野秀敏さんの「車庫に入らないスーパーカーを買ってきたような話」という言葉も心に残った。最後に槇文彦さんは「これからどのように情報公開を求めていくか」と記者に問われ、「もう

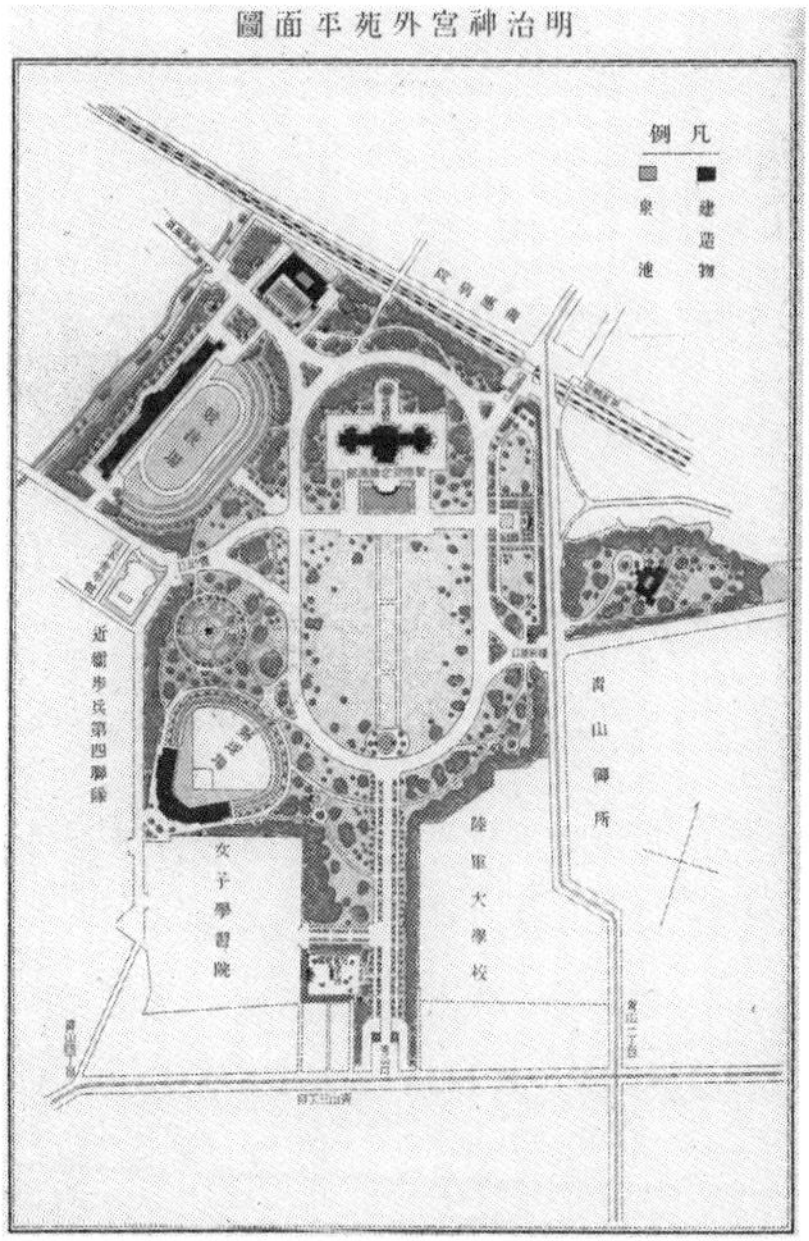

明治神宮外苑平面図（左）
神宮外苑の当初の配置図。
左上から競技場、丸い相撲場、野球場がある

明治神宮外苑競技場（下）
初代競技場。片側にスタンドをつくり、あとは芝生席のシンプルなもの

ともに明治神宮奉賛会『明治神宮外苑奉献概要報告』（1926年10月）より

あちこちの取材を受け、書いたので、他の人に聞いてほしい」「あとはメディアの皆さんに期待する」と述べた。

当日聞きに行った友人たちはこれを心配した。「マスコミは当てにならないよ」「このままでは建築業界のコップの中の嵐で終わるのでは」

私は同じ頃、一人でトルコのイスタンブールの町を歩いていた。以前から行ってみたいと思っていたし、二〇一三年六月にゲジ公園で行なわれた民衆の平和的占拠にも興味があった。エルドアン首相が首都の新市街タクシム広場に隣接するゲジ公園に、イスラム風ショッピングモール建設を計画し、数少ない木の茂る公園を守りたいとする市民がピクニックのような占拠を始めた。それを政府が武力で追い払ったのである。タクシム広場でのデモへの催涙弾発射などで、少なくとも数人の若者が死んだ。書店ではその犠牲となった若者たちの肖像入りのしおりを配っていたし、米国の言語学者ノーム・チョムスキーが著書『ゲジ・パーク』をすでに発表しているのも書店で知った。当のエルドアン首相がブエノスアイレスの招致会議（IOC総会）で安倍首相に駆け寄り、東京招致決定を祝福したことを、日本のメディアはまるで敵に塩を送る美談のように伝えていた。

日本はトルコに原発を輸出しようとしている。現地へ行くとヨーロッパとアジアの間に架けられたボスポラス大橋やボスポラス海底トンネルなども円借款のODA（政府開発援助）で作られていることが実感できた。明治時代にオスマン帝国の軍艦「エルトゥールル号」の遭難者を日本が助けた話など、歴史に根ざすトルコの親日感情は確かで、一人旅の間、たくさんの親切に恵まれた。しかし両国の首脳の間には美談ではすまない深い関係がある。

みるところ、坂だらけのイスタンブールでタクシーはつねに渋滞。公共交通も東京ほど発達していない。優勢と伝えられたにもかかわらず、隣国シリアが内戦状態で国境を閉鎖していることが、イスタンブールがオリンピック招致に落選した決定的な原因だった。もう一つの候補都市、マドリードはEUの中でもお荷物とされるほどの経済的困難を抱えている。IOCはよりマシな東京を選ばざるをえなかった。「フクシマはアンダーコントロール（福島第一原子力発電所は統御できている）」と真実でないことを述べた安倍首相、オリンピック開催準備基金として「銀行にキャッシュが四五億ドルある」と見栄を切った猪瀬都知事、震災復興への支援のお礼という名目で参加し、流暢なフランス語と英語で「日本の皇室はスポーツをつねに熱心に支持してきました」「今後私をオリンピック・ファミリーの一員として考えていただければ幸いです」とアピールした高円宮妃などのプレゼンの結果、東京は招致に成功した。

いっぽう、イスタンブールで出会った知識人たちはこう言った。「東京のおかげで、オスマン・トルコの遺跡が壊されないですんだよ」。たしかにイスタンブールは東西の出会う所、ヘレニズム文化、ギリシア正教、イスラムのモスクからヨーロッパ近代の影響を受けた宮殿まで、遺跡だらけ。見るべき所は東京より多い。「いま地下鉄を整備しているから、二〇二四年のオリンピックには間に合うのじゃないか」という人もいた。

持ってきたノートパソコンのおかげで、私はホテルの静かな夜、窓から尖塔のシルエットを眺めながら、東京の情報を得ることができた。そして「国立競技場の建て替えをどうにかしなくちゃ」とイスタンブールから、保存運動をともに戦ってきた友人たちに訴えた。

「いらないものは作らせない」「大事なものは残す」というのが、私の三〇年来のシンプルな原則である。

ベルリン・オリンピックスタジアム　何度かの改修で、客席には軽やかな日よけ雨よけの屋根がついている
2012年9月　著者撮影

よく考えてみた。ザハ・ハディド・デザインの競技場は、どう考えても大きすぎて神宮外苑にはそぐわない。維持費、修繕費も含め将来の世代にツケとなる「いらないもの」である。片や一九五八年築の国立競技場はアジア大会、一九六四年オリンピックの大切な記憶が刻まれたかけがえのない空間、「大事なもの」である。その後はサッカーの聖地となってきた。トイレの数やバリアフリー化については改善が必要だろう。でもそのくらいは改修で十分できるだろう。

東京はこれからもスクラップ・アンド・ビルドを続けるのか。

ベルリンに行ったとき、郊外にあるスタジアムで、サッカーの試合を見た。それはレニ・リーフェンシュタールが記録映画『オリンピア』に描いた、一九三六年、ナチス政権下のオリンピックのメイン会場であり、その意味ではドイツの負の遺産と言える。しかしベルリン子たちはそのスタジアムの客席部分だけに屋根をかけ、誤った過去を思い起こしながら、いまも大事に使っていた。それは苦渋の、成熟した社会の選択だった。

ミュンヘン対ベルリンの試合、帰りの電車の切符つきのチケットを、私はいまも大切に持っている。

2　神宮外苑を歩く

東京へ帰ってからも、建築界からいろんな声が聞こえてきた。建築家としてビッグネームで、国内外で尊敬されている槇文彦さんの発言だから、これほどの反響があった。しかし、「遅すぎるのではないか」「そういうことを言うとコンクールの審査委員長の安藤忠雄さん、審査委員で建築史家の鈴木博之さんや建築家の内藤廣さんの面目が立たないのではないか」という声もあった。建築界に対立が生まれることや、ザハ対日本の建築家という構図になることをまずいと言う人もいた。「あの計画には反対だが、自分の意見を言えば、オリンピック関係の公共事業から干される」と言う人もいた。

この当時はまだ、建築関係者の中で論議がされていた。私とて建築の保存活用に関わっているから、その人脈の中でいろんな声を聞いたのである。しかし、こうした業界化した考えでは事は進まない。どこからともなく「市民運動で誰でも参加できる広場を作りたいね」ということになった。しかし運動《ムーブメント》を始めてしまうと、どれほど予期しない問題が起き、どんなに私的な時間が奪われ、矢面に立てばどのくらいバッシングされ、人間関係もひびが入りやすいものか、三〇年来の経験から知っていた。始めたことを、途中で放り出すわけにはいかないことも。

それでも私は二〇一三年十月二十二日に、呼びかけ文（趣意書）の最初の下書きを書いてみた。素朴な初心として残しておきたい。

新国立競技場に関する呼びかけ文

二〇二〇年、東京オリンピックが開催されます。オリンピックそのものにはいろいろな考えがありますが、開催が決まった以上、これを有意義なものとし、東京が今まで以上に世界の人々が集う平和都市、暮らすのが楽しく、豊かな文化・スポーツを享受できる都市になることを願う気持ちは都民に共通なものだと思います。

しかし、前回一九六四年の東京オリンピックは大きな都市改造をもたらしました。道路の拡幅、高速道路の建設、ビル化、新幹線開通などとともに、日本橋の欄干が見えなくなるなど、歴史的な建造物は多く隠され、壊されました。

世界から観光や見学に旅人が訪れる都市は、パリ、ロンドン、ローマ、アテネ、ウィーン、モスクワ、北京、イスタンブールやマドリードにいたるまで、その国の歴史と固有な文化が人々を引きつけています。残念なことに、東京は関東大震災と空襲という二度の災厄をへて、江戸・明治の建造物はほとんど残っていません。そして一九六〇年代の東京オリンピックも、一九九〇年代のバブル経済とともに、この都市の歴史性の尊重にとっては残念な結果をもたらしました。

二〇二〇年のオリンピックはこれをかんがみて、高度成長的な近代化のレジームより、福祉、医療、文化を座標に据えた緑豊かな成熟都市を実現することに重きを置きたいものです。幸い、東京にも旧大名庭園の遺構、寺社や道などの骨格は残っています。

そのなかでも新宿区と渋谷区にまたがる神宮外苑地区は、赤坂御所と新宿御苑に隣接し、歴史によって形成された緑の景観を持ち、神宮球場、国立競技場、秩父宮ラグビー場、東京体育館、同プールなどスポーツのメッカであります。美しい銀杏並木、自転車練習場、神宮球場の六大学野球や夏の花火大会などでも都民に親しまれる場所といえるでしょう。（中略）この東京体育館に隣接して、新国立競技場が建設され、その案はコンクールによって最優秀賞が決まりました。しかし著名な建築家・槇文彦氏が『JIAマガジン』八月号に載せた論文が論議を呼んでおります。
1　ロンドン五輪スタジアムの三倍もの床面積は必要か。
2　八万人収容のスタジアムは必要か。オリンピック以降の使い勝手とランニングコストはどうなるか。
3　東西に広場がなく、災害時に観客を誘導できるか。
4　国際的な賞の受賞歴といった応募資格によって、若手建築家にチャンスがなかったのではないか。
5　明治神宮に続く神宮外苑という風致地区に高さ七〇メートルに及ぶコンクリート構造物は調和的かなども問題とされています。そして重要な論点は和するか。

というものです。私たち都民も発表されて以来、この自転車競技のヘルメットのような、昆虫のような巨大競技場のボリュームとデザインには疑問を持たざるをえません。コンクールは一応の民主主義的手続きを経ているようですが、私たちの税金を使って作る、新たな国立競技場としては、広範な都民への告知や論議を経ることが必要です。でも、これも十分とはいえません。

民主主義国家では、市民はその税金で作られる公共建築に関心と意見を持ち、多数の市民が反対した場合には、たとえコンクールによって当選した案だとしてもリファレンダム（住民投票）によって忌避し、コンクールのやり直しをすることができます。

私たちはとりあえず、この計画の十分な告知、市民を巻き込んだコンペ案の検討、コンペ当選案への住民投票などを求めます。

新国立競技場を考える市民の会

十月二十八日、東京駅丸の内駅舎の保存を共にした多児貞子、中央区立明石小学校や東京中央郵便局の保存でがんばった大橋智子、山本玲子、京都会館や大阪中央郵便局の保存活動に関わった森桜、多児さんの知り合いで「景観と住環境を考える全国ネットワーク」の上村千寿子、清水伸子、建築雑誌『コンフォルト』編集長の多田君枝、「住宅遺産トラスト」の吉見千晶、神楽坂で町づくりをする日置圭子、そして私の十人のうち日程の合った八名が集まった。日置圭子の夫君で景観問題に詳しい日置雅晴弁護士が、会合のために事務所を貸してくださり、その日、同席もしてくれたのは心強かったが、今回は女性だけで運動を始めてみることにした。現状を分析し、やるべき課題や告知の方法、組織のあり方を考えた。

多児さんが「神宮外苑と国立競技場を未来へ手わたす会」という名称を考えてくれた。やや長過ぎるとは思ったが、この二つの看板は外せなかった。多児さんは「誰も一人では代表になりたくないでしょう」とも言い、以上の十人みんなで共同代表になることにした。連絡はなるたけメーリングリストを作り、簡略にメールですることにし、郵便物の受け取りには東京ボランティア市民活動センターの私書箱を使うことにした。みんな手も口も頭もよく動くので、仕事はどんどん進んだ。外勤の仕事、親の介護や受験生を抱える共同代表もおり、おたがいの状況を慮りながら、各自できることをする、それでかまわないということにした。

槇文彦さんは納得のいかない当選案を拒否するのは市民の権利だとして、論文の中でリファレンダムという言葉を使ったが、日本では「原発都民投票」を見ても、リファレンダムを実現するには大変な手続きが必要で、それにかける労力も膨大なものである。私たちはこの運動を「市民イニシアティブ」と名づけることにした。反対運動というよりも、東京の景観と環境をこれ以上悪くしないために何ができるか、できるだけよい着地点を探ろうというのである。「神宮外苑の緑と広い空を守ろう」「思い出の詰まったいまの国立競技場を直して使おう」という二つが、十人の合意であった。

運動にはおいしい料理とワインも欠かせない。その夜は神楽坂のイタリアン・レストランで遅くまでワインを楽しんだ。もちろん懐がそう痛まないほどの気楽な店である。

十月三十日に一人で神宮外苑に散歩に行った。ひさしぶりに青山一丁目の地下鉄の駅を出ると、きれいなハロウィーンの飾り付けをしたガラス窓があった。そこから銀杏並木を歩く。

掲示板の地図で、位置関係を飲み込む。ここには江戸時代、徳川家、郡上八幡の青山家の屋敷などがあり、近代以後は青山練兵場となった。明治天皇が観兵式に来たときの御観兵榎《ごかんぺいえのき》が林の中にある。この榎は一九九五年の秋の台風で倒れ、現在のは初代の実生《みしょう》を移植した二代目だそうだ。そういえば正岡子規の「天長節の曲」（一八九六（明治二十九）年）という詩には「万馬嘶《いなな》いて谺《こだま》に響く赤坂の台、天子自ら兵を観《み》たまふ青山の原」という一行がある。

銀杏並木のベンチにはお弁当を食べる人、おしゃべりする人、本を読む人がいて一つも空いていない。イチョウはまだ色づくには間があり、葉はふさふさと緑だ。ジョギングする人、バギーで赤ちゃん連れのお母さん、車を止めて居眠りするタクシーの運転手さん、たくさんの人々が日々使っている大切な空間なのだと、あらためて気づいた。

また別のことを思い出した。私が小学生になった一九六〇年の前半、ここでは自転車の貸し出しをやっていて、日曜日に来てはこの周りをぐるぐる自転車で走ったものだった。自転車の乗り方教室はいまも開かれている。大きな木々、その木漏れ陽の中を走るのは爽快この上なかった。

それにしても、かつては広大な洋式公園であったはずの絵画館前広場も、パーラー、草野球場、バッティングセンター、フットサルコート、テニスクラブなどで塞がれている。屋台を並べてイベントも行なわれていた。明治天皇を記念して作られた神宮外苑は宗教法人明治神宮に奉献され、終戦までは国の管理下にあったが、戦後、国の管理を離れた。現在は外苑でレストラン、喫茶店、結婚式場、ゴルフ練習場、そのほかも多角経営しているらしい。内苑の森を維持するためには相当の費用がいるのだろうけど、宗教法人という建前とはまったく違うビジネスの実情に私は戸惑った。

正面に見える聖徳記念絵画館に久しぶりに入ってみた。外観は花崗岩の石貼りのシンメトリカルな重々しい建物である。以前は薄暗い気味の悪い所だったが、重要文化財になったためか、きれいに整備され、内部の装飾も美しく見学者も多くなっていた。ステンドグラスのはまった正面玄関の右手で、入場料でなく、施設維持協力金五〇〇円を集めている。中の撮影は禁止。明治天皇の生涯を当時の一流画家が描いたもので、いわば「親鸞聖人絵巻」のような感じである。それぞれの絵には財界人など寄贈者がいる。昭憲皇太后の「富岡製糸場行啓」（荒井寛方作）のように、教科書で見た有名な絵もあった。この建物の中に外苑管理事務所もある。

絵画館の東には珍しいなんじゃもんじゃの木（ヒトツバタゴ）がある。西には樺太にあった日露国境天測標（ただし模造）がある。絵画館の北には明治天皇の大喪儀で柩を乗せる車を安置したところに楠《くすのき》が植えられ、大きく育っている。これがおそらく、神宮外苑の成立根拠を示す一番大事なところなのだろうが、その辺りはひっそりして、宗教法人職員の駐車場になっていた。

絵画館を出て右の道に沿って行くと、西側に北から順に国立競技場、神宮第二球場（いつもはゴ

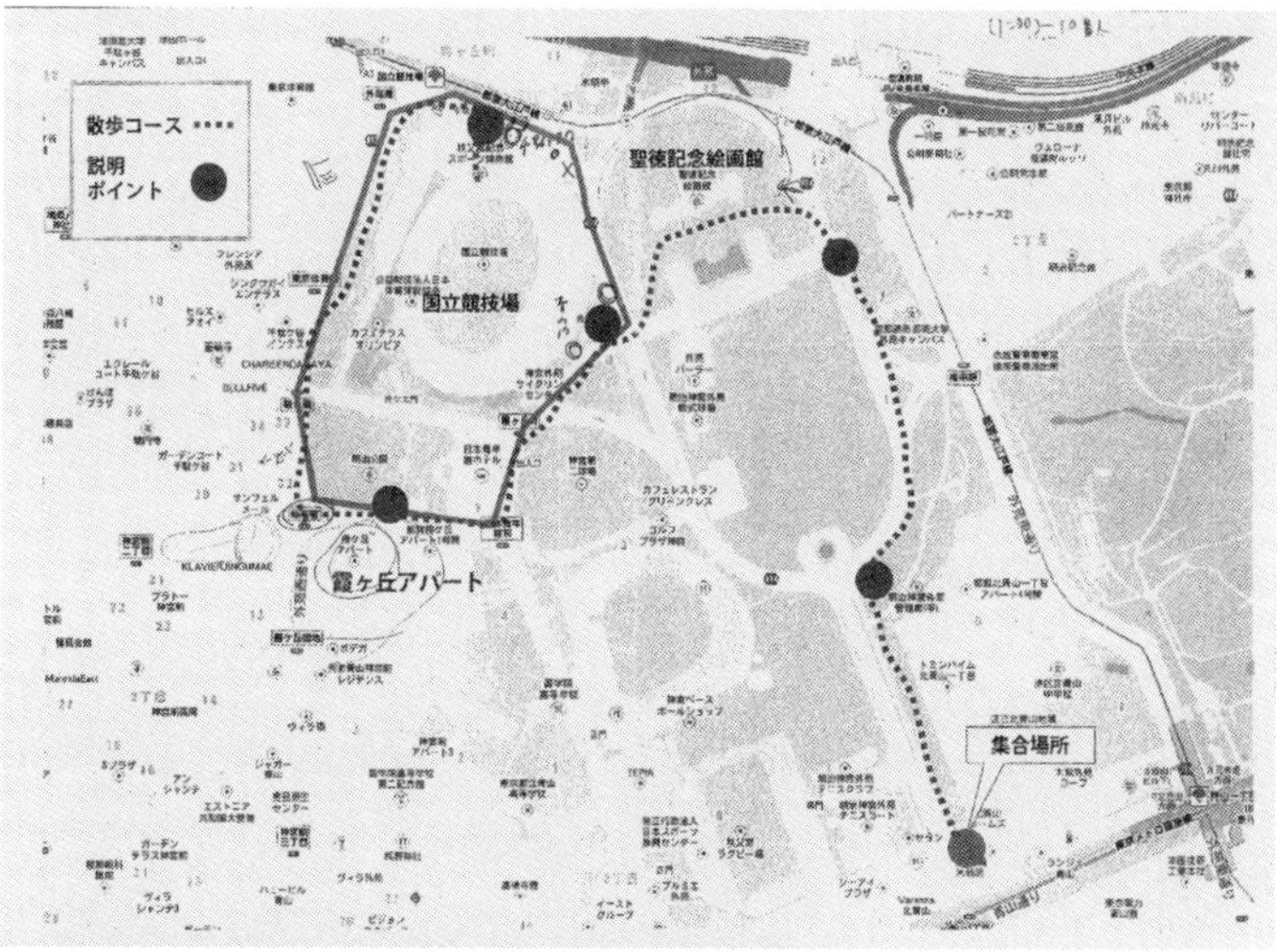

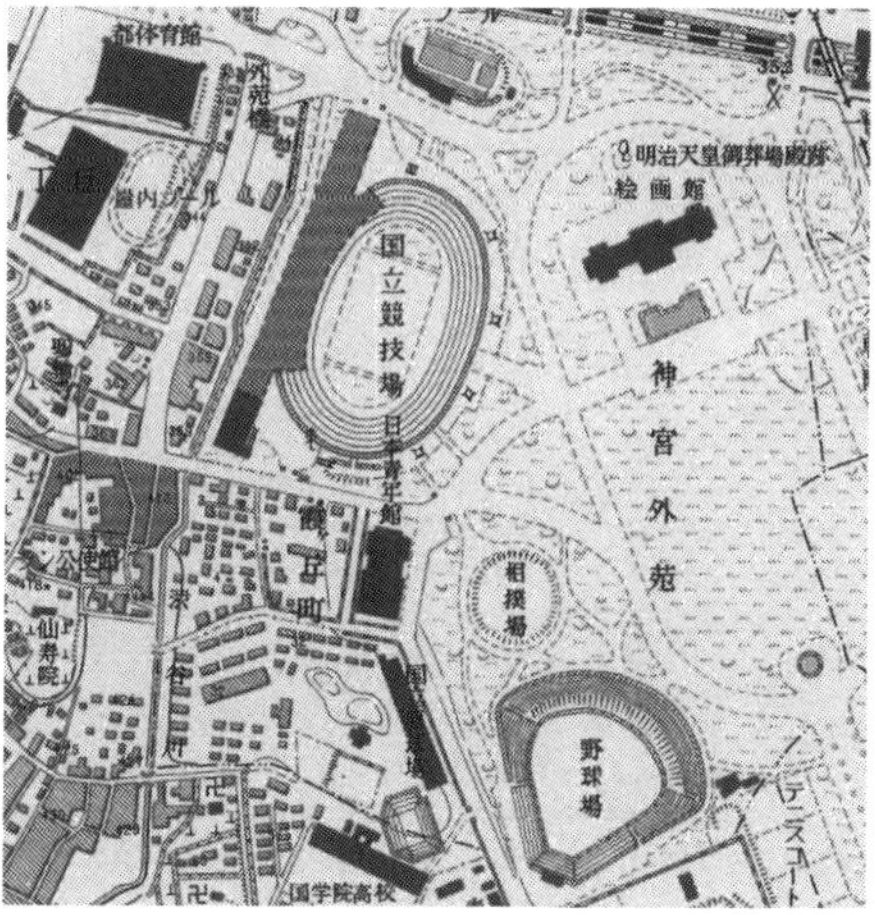

（上）2013年11月13日「手わたす会」第1回外苑ウォークのさいに配布された地図

（左）戦後、二代目競技場ができる前。四季の庭も明治公園もまだ住宅地となっている

ルフ練習場として使われている)、六大学や全日本大学野球選手権、ヤクルトスワローズの本拠地で有名な神宮球場、秩父宮ラグビー場と続く。第二球場は創建当時は相撲場だったが、戦後第二球場となったと聞いた。

その横手に日本青年館があり、その日は宝塚歌劇団の公演で、大変なファンの列だった。神宮外苑を造営する工事が難航した一九一六(大正五)年頃、全国の青年が勤労奉仕を行なった。それを当時の皇太子が讃えたことをきっかけに初代の日本青年館は作られ、一九二五(大正十四)年に完成、今のは二代目で一九七九(昭和五十四)年に建て直された建物だ(二〇一五年現在解体中)。このように、神宮外苑は全国の庶民の醵金と労働奉仕で出来たのである。そして一九二四(大正十三)年に初代の明治神宮外苑競技場も作られた。

その競技場は戦後一時、駐留軍に接収され、「ナイル・キニック・スタジアム」と呼ばれた。アメリカンフットボールの選手で、第二次大戦中の訓練飛行中、事故死した人を記念する名称である。接収解除後の一九五二年、競技場は国に返還。日本青年館も新国立競技場建設のため、テニスコートの通りを挟んだ南隣に移転するそうだ。日本青年館の西隣の明治公園(都立)は東京では数少ない自由な集会の場所だが、これも潰されるという。かわりに明治公園の南隣の都営霞ヶ丘アパートが壊されて公園となるらしい。歩いてみると、新国立競技場の巨大さがやっと足で実感できた。

それにしても、いまでも周囲を回るのが大変なのに、さらに巨大な新競技場を作った場合、東西南北の自由通路をつけないで、住民はその周りをぐるっと歩けというのだろうか。スケールアウトという言葉がしきりに思い起こされた。

国立競技場の門は堅く閉まっていた。そして「一九六四年東京オリンピックの感動を再び、ここ国立競技場で！」という横断幕が飾られていた。招致が決まったときの猪瀬直樹都知事のうれしそうな、自慢げな笑顔を思い出した。図面の上で当選案の新競技場と比べると、うんと小さいはずの槇文彦さん設計の東京体育館でも、地べたに立つ私には、かなり大きく見えた。この二・五倍以上

上から　神宮外苑の銀杏並木　聖徳記念絵画館　国立競技場と子どもたちの自転車練習　撮影 清水襄

もの高さの競技場がここに建つとは、想像を絶する。ここにも「オリンピック招致にご声援ありがとうございました」という東京都の横断幕が張ってある。

帰りには外苑西通りにある「ホープ軒」でかなり油の利いたラーメンを食べた。ひっきりなしにお客が入ってくる。ここはタクシー運転手さんたちの「聖地」らしい。ネギ入れ放題のラーメンはおいしかった。その並びには河出書房新社もあり、マンションも建ち並んでいる。こうしたオフィスで働き、住宅に暮らす人たちは、目の前に七〇メートル超のコンクリートの壁がそそり立つというのに、何の行動も起こさないのだろうか。

私は現地を見た上で最初の呼びかけ文を「新国立競技場再考の要望書」になるように書き直した。それに共同代表からのたくさんの注文がついた。反映した後、呼びかけ文をつけてネットで拡散し、賛同者をつのった。

いつものことだが、市民運動では肩書き問題が大きい。共同代表も含めて、賛同者は、それぞれが属する団体の承認を得なければ、その肩書きを使えないというのだ。この問題は必ずおこる。二〇一二年二月、八ッ場ダムの遺跡保存の賛同者を集めたときも、「文化人」という名前は嫌いなので、「文化関係者」として、文化に関する肩書きをつけてほしいと言ったところ「肩書きで人を差別するのか」、「主婦」「自然愛好家」「無職」ではいけないのか、という抗議がきた。しかし一般市民の署名はもう何度も、何万通も集めており、遺跡保存に際して、文化関係者という分野で署名を集めようとしたのである。

今回も「賛同したいが名前だけでいいか」という人が多い。だが、名前だけだと、いくらでも水増しが可能だ。「山田博」「鈴木一郎」というような名前の方は、日本中に多数いる。いやしくも呼びかけ文を読んで賛同する以上、現在無職であっても、会社名を名乗れなくても、どこで何をしている人間か、居住自治体と仕事、あるいは参加している団体の名前くらいは名乗ってほしい。それが意見をはっきりと表明する際の最低限の覚悟だ。

さっそくサントリー文化財団の友人や、岩波書店の『世界』や平凡社の『こころ』編集長が、きちんと肩書き付きで賛同してくれたのは心強かった。いっぽう著名な賛同者だけを目立たせるやり方はやめたかった。たしかにビッグネームは政府に対しては効くのだが、そういう運動のやり方に食傷していたこともある。

仲間の知人友人にこの「要望書」を広めたところ、三週間もしないうちに一六〇〇人の署名が集まった。二〇一一年三月、東日本大震災の津波に見舞われた石巻市北上町の天然スレートを当初の計画通り、建設中の東京駅丸の内駅舎の屋根に載せてくださ い、と要望したことがある。そのときの賛同署名が一週間で三五〇〇人も集まったのよりは少ないが、けっこうな数だった。

その賛同者の名簿をエクセルでアイウエオ順に整理するのがまた大変だった。書き写すと間違いが出やすいし、難読漢字はふりがなをつけないといけなかった。これには吉見千晶が尽力し、デザイナーの上村千寿子が素早くホームページを立ち上げ、そこに呼びかけ文や賛同人のメッセージ、マスコミ報道、関連ブログなどのコーナーを作っていった。

十一月十三日。みんなで「神宮外苑ウォーク」を催した。私は昭和の初めの古い地図をみんなに渡した。青山一丁目の窓のハロウィーンの飾りはもうクリスマスの装飾に変わり、四列の珍しい銀杏並木はやや黄色く色づき始めていた。京都からの森桜も含め、共同代表は全員集まった。国立競技場の前で写真を取り、東京新聞の森本智之記者がけっこう大きな記事に書いてくれた。このとき私がさそった谷中在住の酒井美和子を運動に巻き込み、共同代表は十一人になった。最初、ザハ・ハディド設計の「ニール・バレット青山店」なるメンズファッション店も見に行こうとしたが、開店後五年ですでに閉店していた。同じザハ設計の札幌のレストラン「ムーンスーン」も閉店だという。帰りに東京体育館敷地内の「アリスガーデン」でランチ。

もう引き返せない。活動を始めるときっといい仲間ができ、いい出会いがある。いままでの確信を心の中で反芻し、自分に言いきかせた。

同じ頃、岩波ホールで映画『ハンナ・アーレント』を見た。四〇年前、政治学徒だった頃、『イェルサレムのアイヒマン』を読んだのを思い出しながら。あの本の裏に、これほどのユダヤ人によるアーレント・バッシングがあったとは。これから運動を始めれば、私たちにもいろんな波風がたち、批判も受けるだろう。それでも自分の信条を曲げないアーレントに、時空を超えて励まされた。

3 長い長い二〇一三年十一月二十五日

すばらしい仲間たちとしかいいようがない。「神宮外苑と国立競技場を未来へ手わたす会」の十一人の女性共同代表は、それぞれ自分でできることを考え、どんどん賛同者を集めていった。呼びかけても、要望書とか賛同署名という言葉を聞いただけで引いてしまう人たちもいたが、そんな普通の市民に粘り強く呼びかけた。これは政治運動ではない。あくまで、知られないうちに決まってしまった公共工事が環境を壊し、次世代へのツケとなるのを防ぐための市民として当然の活動なのだと。

予想した通り、賛同はするが、公表する名簿に載せるのは勘弁してほしいという人もいなくはなかった。日本では、自分の責任で自由に意見を表明するということができにくい。世間を気にし、「できるだけ目立ちたくない」という。「そうはいっても会社や町会での立場がある」という。日本に市民社会はあるのだろうか。

二〇一二年秋にドイツの環境運動を取材したとき、私は行く先々で写真撮影、録音、録画をしたが、「これを日本で公表してもいいのでしょうか」と念を押すと「いいですよ、許可を取る必要はありません」と言われ、驚いた。「取材に応じたということは公表されるのが前提だからです」というのだ。日本では「あなたに話はしたが書くとは思わなかった」と何度言われたことか。

そこで賛同を呼びかける際、「お名前を賛同人リストに載せ、ホームページなどで公表させていただきます」の一言を最初から加えた。

新国立競技場の事業主体であるJSCのホームページには、国際デザイン・コンクールの呼びかけ「「いちばん」をつくろう」が載っていた。

日本を変えたい、と思う。新しい日本をつくりたい、と思う。
もう一度、上を向いて生きる国に。
そのために、シンボルが必要だ。
日本人みんなが誇りに思い、応援したくなるような。
世界中の人が一度は行ってみたいと願うような。
世界史に、その名を刻むような。
世界一楽しい場所をつくろう。
それが、まったく新しく生まれ変わる国立競技場だ。

ナショナリズムっぽくていいやだなあ。言われなくたってずっと上を向いてるよ。私はこれに相当な違和感を感じ、十一月六日、即興で次のような詩を書いた。カッコ内の引用はすべてＪＳＣ側の「メッセージ」である。

　女たちは「いちばん」をのぞまない

「世界最高のキャパシティ」

「世界最高のホスピタリティ」

そんなものが何になるのか、この放射能汚染にふるえる日本で。

いまもふるさとを追われ、さまよう一五万人を置き去りにして。

仮設住宅で冬の訪れを待っている無口な人々の前で。


「この国に世界の中心を作ろう」

「スポーツと文化の力で」

「世界で「いちばん」のものをつくろう」

私たちが東京に欲しいのは「いちばん」の競技場ではない
神宮外苑の銀杏をすかして降り注ぐ柔らかな光だ。

その向こうの伸びやかな空だ。

休みの日に子どもと一緒にあそべる自転車練習場だ。

一九六四年、アジアで初めてのオリンピックが東京で開かれた。
それは戦争に負け三一〇万人が死んだ日本、その復興を示すイベントだった。
植民地支配を脱したアジア・アフリカの参加国、その民族衣装の誇らしさ。
「世界史に、その名を刻む」のなら、その競技場を残すべきだ。
聖火台をつくった日本の誇る職人技とともに。アベベや円谷の記憶とともに。

ベルリンでは一九三六年のナチス政権下のオリンピックスタジアムを今も使う。
それは同じ過ちを繰り返さないことを我が記憶に問うモニュメントでもある。
一九五八年築の国立競技場を残す道がないわけはない。
いまこそ〝もったいない〟の日本を世界につたえよう。

人口減、高齢化、非正規雇用、資源の枯渇、食料自給率、そこから目をそらして
「世界一楽しい場所」なんてできるのか?
〝パンとサーカス〟に浮かれたローマ帝国末期のようではないか。

女たちは「いちばん」をのぞまない。
私たちの子どもの時代に、健やかな地球が存続していることを願う。

「世界一楽しい場所」は私たちの近所につくりたい。
風と木と匂いのある町を。路地や居酒屋のある町を。
赤ちゃん、子ども、お年寄りを見守るほっとする町を。
若者が自由に仕事を作り、みんなで応援できる町を。
二〇二〇年、せめて縮小時代に舵を切るオリンピックに。

これは多くの女性の共感を呼んだが、男性からは「自分たちも入れてほしい」「おじさんも「いちばん」は望まない」という異議もあり、「女たちは」を「私たちは」に変えることにした。「要望書」には、桐島洋子さんや安野光雅さんもさっそく賛同して下さった。賛同者からはこんなメールが来た。

「五〇年も前！　大学（法政）に入学したころ千駄ヶ谷二丁目に下宿していました。その後もヤクルトスワローズの応援で神宮球場にはよく行きました。新しく建てる場合でも、今ある街並みになじむものにしてもらいたいです」（堀川淳子　札幌市）

「国立競技場には僕もいちフットボール・サポーターとして思いがあります。九月、十月は、大好きな国立競技場でわがＦＣ東京は二試合。浦和、鹿島に一勝一敗。いつものオーロラビジョン脇のゴール裏の最上段席はもう十年以上。春から秋へ、涼風に吹かれ（ときにポンチョ着て雨に打たれ）、黄昏どきの新宿の摩天楼や神宮の杜をながめつつ、メガロポリスの新旧が溶け合う官能の風景を味わっていたわけです。新国立競技場で「オレたちの国立！！」と歌うことができるのか？」（中川道夫　写真家）

「明治天皇の遺体安置所には駐車場がギリギリまであり、知らない人は神聖な場所とは思わないでしょう」（原祐一　考古学）

「最優秀作品がほかの作品に比べ、もっともグロテスクで周囲の景観を破壊するものだと思います」（高橋博文　山猫文庫）

「賛同します。東京だけピカピカにして恥ずかしいです」（和田あき子　ロシア文学者）

「ローマ帝国の末期は、市民にパンとサーカスを与え、滅亡しました」（松久寛　京都大学名誉教授）

「もともと東京でオリンピックを開くこと自体に反対でしたが、東京に決まってしまった以上、よりましな開催の仕方を考えなければならないと思います」（原武史　政治学者）

いろんな角度からの意見があった。「公営住宅の建て替えに関しては、日本中何処でも起きていることですし、特に東京ではあの一等地に住んできたということ自体が特権のようなものです」という建築家の意見には驚いた。「趣旨がぼやけるので、要望書からは都営霞ヶ丘アパートのことを外したほうがいい」という大学教授の意見もあった。

かと思うと、建築科出身でも、評論家の松山巖さんは「私が新国立に反対するのはひとえに都営住宅が壊されるから。霞ヶ丘町の住民は二度もオリンピックのために立ち退かされる。腹が立たない方がおかしい」と書いていた。

また「あなたたちが今押し進めている市民運動に、このデザインは嫌だ、と言うことを入れたらどうでしょうか。槇さんたちは決してそれは言えない立場にいます」という人もいた。「国際コンペの結果を建築家が覆すのは、自らの職能をおかすものではないか」というのである。私もこのデザインは好まないが、デザインの良し悪しは個人の好みであり、そうした議論は問題をすりかえると考えた。「このデザインのまま敷地をベイエリアに変えるのが一番だと思います」という意見もあった。うーん、それもいやだなあ。「神宮外苑ではやめてほしいが臨海部ならいい」というのは、臨海部に住む人々に対して冒瀆のような気がする。かかる費用は変わらず莫大だし。

とにかく「この狭い敷地に、巨大で金のかかるものを建てるより、今の競技場を改修して使おう」という呼びかけに絞った。だけど建築の素人である私たちには果たして改修でいけるのかどうか、こころもとない。何人かの信頼できる建築家が「改修で十分行ける」と言うのだけが頼りだった。賛同者の中にはもちろん、オリンピックに賛成の人も、反対の人もいた。

十一月七日。槇文彦さんを代表として、著名な建築家と大学教授を中心にする要望書が文部科学省、東京都、翌日にＪＳＣ宛てに出された。発起人に女性は一人もいない。賛同者にはコンクールでザハ・ハディド氏と最後まで争ったという妹島和世さんなど、五、六人の女性建築関係者がいた。つづいて建築関連五団体も要望書を出した。「内情をよく知っているはずの建築家が今頃になって」という人もいたが、専門家にしても市民にしても、コンクールの募集要項や審査過程が広く知らされていなかったのは確かである。

私たちはあくまで市民の目線で、明治公園が廃止されること、霞ヶ丘の都営アパートが廃止されること、目の前に七〇メートルの壁が建ち、市民がさまざまに楽しむ憩いの場が失われることなどを問題にすることにした。安保や学生運動に関わった世代からは「明治公園がなくなったらどこからデモを始めればいいんだ?」という賛同メールもいただいた。賛同者のなかには松隈洋さんや元倉眞琴さんのように、槇さんと私たちの両方に賛同してくださる方もいた。

十一月十日、東京新聞は、ＪＳＣが日本青年館の建て替えに便乗して、地上一六階、八〇メートルの新築ビルに本部を移転させることを報じていた。これについてはすでに、新宿区の景観審議会（二〇一三年三月十八日）で窪田亜矢東大教授が「どさくさ紛れ」と指摘し、座長の進士五十八《しんじいそや》東京農大元学長も「どさくさ紛れの焼け太りというか」と応じている。

私たちは各省庁などに出す要望書と質問の作成に追われた。三〇年前、赤れんがの東京駅丸の内駅舎の保存のときは、署名用紙を台紙にはって、東京駅頭に何日も立って署名を集めた。それが今回、ＳＮＳやホームページで、呼びかけをカラーの写真ともども拡散できたり、賛同署名をメールで受け取ったりできるのは隔世の感があった。しかしネットだけで署名を集めることは、パソコンを使わないシニア層などに声がけできないことになる。吉見千晶から署名用紙も必要だという意見が出た。

みんなで練り上げた要望書は次のようなことを核にした。

1　明治神宮外苑（新宿区霞ヶ丘町一番一号）は都の風致地区に指定されている。

2　一九二四（大正十三）年に完成した初代競技場では明治神宮体育大会（現在の国体）、六大学野球、一九四三年の出陣学徒壮行会が行なわれ、戦後一時的にＧＨＱに接収、その後改築され、アジア大会、一九六四年の東京オリンピックなど、悲喜こもごものエピソードが刻み込まれ、人々のかけがえのない記憶となってきた。

3　また聖徳記念絵画館（重要文化財）を正面にする四連の銀杏並木は、東京で最も美しい並木道として都民の憩いの場となっており、この景観はけっして壊してはならない。

つづけて、「一九六四年の競技場を改修・リデザインして、風致地区とその景観を守るとともに、「もったいない」という物を大事にする日本の美風、江戸からのリデュース、リユース、リサイクルの伝統を世界にアピールする、環境にローインパクトな国立競技場計画を要望します。そのほうが緑を減らし、空を狭くする巨大なボリュームの当選案の実現よりも、はるかに「クール・ジャパン（かっこいい日本）」であると思われます。現競技場に、仮設スタンドなどを加え、職人の手技をつたえる聖火台も残し、改修・再利用することで、大幅なコストダウンはもちろん、東京で二度目の五輪を開催することのメッセージをスマートに世界に打ち出せるのではないかと思います」と書いた。わからないことだらけなので質問も加えた。要望だけだと「聞き置く」とスルーされるおそれがあったから。

十一月二十五日。朝十時から内閣府、文科省、ＪＳＣ、都庁をまわり、上記の要望書をそれぞれの長宛てに提出し、その後午後四時から都庁で記者会見をした。事前にそのアポイントをとり、持っていく書類や賛同者の名簿を手分けしてコピーした。

それぞれの組織へ出向くと、担当官が名刺交換のあと、要望書を受け取ってくれたが、その場で内閣府は返信用封筒を返してきた。返答をする義務はないとのことであった。都庁では要望書を出すところをＮＨＫが撮影し、その後、記者会見をした。原田病を煩って目のぶどう膜が夕焼け状になっている私はこの日、サングラスを家に忘れ、都庁の天井のＬＥＤ電球がまぶしすぎた。酒井美和子が近くの眼鏡屋さんに走って一番安い遮光レンズの眼鏡を買ってきてくれた。記者会見には広い部屋にぱらつくほどしか記者はいなかったが、翌日、朝日新聞、毎日新聞やＮＨＫがニュースにしてくれたので、会の存在は少しずつ知られることになった。

その足で、神宮外苑に近い建築家会館に向かい、午後六時から第一回の公開座談会「市民とともに考える新国立競技場の着地点」を行なった。会場には記者会見はパスして会場設営にまわった多田君枝、上村千寿子らがマイクやパソコンを準備し、受付を守っていた。

この問題はわからないことが多すぎる。仲間うちの勉強会を公開にしたらどうか、ちょうど『住宅建築』でこの問題の座談会出席を頼まれてもいたので、いっそ座談会を公開でやったらどうかということになったのである。

私の経過説明のあと、まず飛び入りで、今回のコンクールに仙田満さんと組んで応募した構造設計家の渡辺邦夫さんが発言した。「コンペは世界中から新しい才能を集めることができるのがメリット。そのかわり審査員が責任をもって選ぶのが大前提。こんなに応募資格が厳しいコンクールでは、ほとんどの建築家が応募できない。リチャード・ロジャースとノーマン・フォスターという尊敬する二人のイギリス人建築家が審査員だというので応募した。自分の案について意見を聞きたかったが、来日もしなかったし、審査の過程も公表されていない。まずいと思った」とのこと。

二番バッター。この問題について早くから詳細にブログで発言している建築エコノミストの森山高至さん。彼はザハ案の特徴、脱構築という思想から生まれたデザインについて話した。道路に立つ市民の目から見て、新競技場が空ににょっきり飛び出すシミュレーションには会場からどよめきが湧いた。機能面でサブトラックがないことが致命的と指摘した。

国立競技場　森山高至改修案

三番バッターは京都会館の保存などに尽力された松隈洋さん（京都工芸繊維大学教授）。このコンペは情報が開示されていない。その後、歴史をさかのぼり、戦争のために返上になった一九四〇（昭和十五）年の東京オリンピック計画について。そのとき初代競技場を建て替える計画だったが、「神宮では狭すぎる、駒沢につくるべき」といった岸田日出刀《ひでと》帝大教授らの論議。学徒動員の記憶、そして戦後二代目競技場建設のさいも戦前の論議をふまえていることについて話した。「今回のコンクールではそうした先人の配慮がまったく無視されている。誰のための施設か問われるべき」と。

四番バッター、景観問題に強い日置雅晴弁護士が、法律的に見てこの問題で係争できるかについて述べた。

つづいて五番バッター藤本昌也・日本建築士会連合会名誉会長が、まちづくりの視点から「一応の手続きは踏んでいる。しかし都の都市計画審議会に建築や都市計画の専門家が入っていないのは問題」と述べた。

これを聞いて建築評論家で『住宅建築』相談役の平良敬一さんが会場から立ち上り、「建築家たちは市民の面前で喧嘩すべきだ」と発言した。

最後に森山高至さんがシンプルな改修方法を示した。一九五八年の二代目スタジアムの東側の観客席を増築して一九六四年のオリンピックに間に合わせたのだから、もう片側を増やす、そして西側の空いている土地にサブトラックをつくればよいというのである。

会場にいた古市徹雄さん（千葉工業大学教授）からも「国立競技場は改修で十分可能。今の五万四〇〇〇席を二万六〇〇〇増やして八万にもできる。老朽化、時間がないというのは官僚の常套手段で、まだ時間は十分ある。仮設部分は木造でも面白い」という発言があった。古市さんは元丹下健三事務所で新宿の東京都庁舎設計を担当した。槇文彦さんの論文を掲載した『ＪＩＡマガジン』の当時、編集長であった。

会場から飛び入りで、構造設計家の今川憲英さんが世界のスタジアム建築について面白い発言をした。「一九七六年のモントリオール五輪では、予算の五倍を超過してつくった開閉式屋根がオリンピックに間に合わなかった。ようやく一一年後に完成したが、二、三度開閉するうちに壊れ、結局閉じたまま。ホワイト・エレファントとか、ビッグトラブルと言われている」

今回の新国立競技場の開閉式屋根もそんなことにならないか？　今川さんは続けて言った。「モントリオールはオリンピックの赤字を市民の負担で償還するのに三五年かかった。アテネはオリンピックのせいで経済危機を招いたと言われている。北京の鳥の巣も最初、開閉屋根がついていたが、それは取りやめになり、オリンピック後は閑古鳥」。今川さんはどうしてこれほど明解な発言ができるのだろうか。懇親会で聞いてみると「一九年前に心臓が止まって以来、あとは余生と思っている。言わなければいけないことは言う」とのことだった。その後も私たちをずっと支えて下さった勇気ある方だ。

最後にフランス人ジャーナリスト、レジス・アルノーさんが発言した。「日本はだんだん上海のようになっていく。スカイツリーはみにくい。リテラシーのない建物ばかり新しく作るいっぽう、日比谷の三信ビルのような美しいものを壊している」（保存運動があったにもかかわらず、美しいガレリアのついた三信ビルを壊したのは三井不動産である）。

かなり盛りだくさんな内容だったが、十月十一日の槇文彦さんたちのシンポジウムと同じく、独立系映像メディア「ＩＷＪ（インディペンデント・ウェブ・ジャーナル）」が同時中継した。ネットで生で聞いた人が七〇〇名、会場に一〇〇人、合わせて八〇〇人の集会をしたことになる。

会のあと、近くのイタリアン・レストランに場所を移して懇親会。朝九時から夜十二時まで、じつに長い長い一日であった。この日は本当に、限界まで働いた日であった。

実はこの日の朝、不思議な夢を見た。秋の陽射しの中、大きな公園を若い天皇がベストを着、白いズボンで一生懸命、枯れ葉のお掃除をしている。ベンチにはこれまた若い美智子皇后が女の人たちと座って笑っている。「陵も縮小したからオリンピックも手作りで小さくやることにしたのよ」と涼やかな声で言われた。ファンファーレが鳴って、並木道を外国の選手団が旗を持って行進してくる。あ、ここは神宮外苑だ、と思ったとたんに目が覚めた。嘘のようだが本当の話である。

翌十一月二十六日。湯島の国立近現代建築資料館へ行った。同館の運営委員を務める松隈洋さんがこの日、坂倉準三展のオープニングなのでよかったら来ないかと言う。「建築関係者がたくさん集まりますから」。家から近い。かつてその敷地の岩崎邸の地下に清掃工場が造られそうになり、私はこれにも反対したことがある。新国立デザイン・コンクールの審査委員長で、建築資料館の名誉館長でもある安藤忠雄さんが見えた。以前、国立西洋美術館の評議員を一緒に務めていたことがある。さっそく「あの計画で本当に建つのですか？」と聞くと、「はいはい、僕はデザインを選んだだけ。あとはＪＳＣに聞いてください」と逃げられてしまった。

同じく、有識者会議の建築ワーキンググループ委員であり、コンクール審査委員の鈴木博之さん（東京大学名誉教授）にも会った。久しぶりなので嬉しくてハイタッチしてしまった。都をはじめ、いくつかの委員をご一緒し、拙著『明治東京畸人傳』（新潮文庫）の解説を書いていただいたこともある。「ＳＡＮＡＡの案もいいが、あれだけ曲線が多いと競技を見る人にとっては不安定でしょう」と、暗にザハ案の方が優れているとおっしゃりたかったのか。「まあね、森さんが予算オーバー、敷地オーバー、規制無視、サブトラックなし、よってこのコンクールは不成立、オリンピック粉砕ーって言うんなら、僕は喜んでいまからでも寝返るよ」

全共闘世代の鈴木さんらしい言い方だが、そうだろうか？　現行案反対とオリンピック反対は一緒にはできないのではないか？　喉まで出かかっている「オリンピック、ハンターイ」の叫びを私はまだ押し殺している。オリンピック大賛成の政治家や官僚たちとこれから交渉しなくてはならないのだし。さらに鈴木さんは言った。「僕は今のコクリツを文化財とは思っていない」。そうだろうか？　東京駅だって、辰野金吾が設計した赤れんがの駅舎建築ということより、あの駅を使い、通り過ぎた人々の思い出の蓄積が、十万を越える署名に結実したのではなかろうか？　今の国立は建築史的に重要文化財クラスではないにせよ、築五五年を経た現在、せめて登録文化財（築五〇年以上で登録できる）にしてもいいのに。小さな栈橋や戦争遺跡の奉安殿やトーチカまで、国は登録しているのだから。

建築家の石山修武さん（早稲田大学教授）にもばったり会った。「新国立、どう思います？」と聞くと、いつものひょうひょうとした感じで「黙して語らずだ」。石山さんは話題を変えるように「子どもたちは大きくなったの？」と尋ねてくれた。石山さんは私が地域雑誌『谷根千』を作り、子ども三人、自転車に乗せて町をかけずり回っていた頃を知っている。その頃、私は上野駅の超高層化（磯崎新設計）にも反対して、石山さんに意見を聞きにいったのだった。「磯崎さんには恩があるからなあ」と石山さんはすまなそうに言った。鈴木さんも石山さんも二〇年前とは社会的立場が違っている。そしてお二人とも、残念ながら立場にとらわれているようにみえた。

結局、この日、丹下健三、坂倉準三という二人の大建築家のお嬢さんがこころよく賛同してくださったのだけがうれしかった（別の日に吉村順三のお嬢さんも賛同してくださった）。このとき「ＳＡＮＡＡの案に傾きかけたのを安藤さんがひっくり返した」という噂も聞いた。真偽を確かめるためにもデザイン・コンクールの審査会の議事録をＪＳＣに公開してもらわなくてはならない。

帰りがけ、「人間のための建築」という坂倉準三展の看板が、やけに大きくせまって見えた。

4　気持ちよく、いつまでもここにいたい景観とは？

二〇一三年十一月二十六日の第四回有識者会議で、ＪＳＣは、延床面積を二九万平米から二二万平米へと四分の三に縮小し、建設費は一八五二億円と報告した。さらに十一月二十八日、今度は自民党無駄撲滅プロジェクトチームがＪＳＣを呼んで、公開ヒアリングを行なった。それも「ＩＷＪ」で中継されたので見た。さすがに国会議員となると、ＪＳＣに対しても強いことを言う。座長の河野太郎氏は建設費、維持費、修繕費、収支予測を含め「いま国民に消費税の負担をお願いしている状況で、何になるかもわからない物に税金は使えません」「こんなずさんな計画を認めたとすると有識者とはいえない」ときびしく指摘した。このときの無駄撲滅チームへのＪＳＣの報告の数字は、建設費一六九二億、収入五〇億、支出四六億円というものであった。

新国立競技場のこの時点での建設予定費一六九二億円は、アトランタの約二〇〇億、ロンドンの約七六〇億、シドニーの約六四〇億円から見てもとんでもなく高い。今の国立競技場は年間維持費五億、それに対し新国立では七倍の三五億円かかるという試算だった。ところがこの日、ＪＳＣが自民党無駄撲滅チーム（通称ムダボPT）に提出した資料では、維持費四六億円とまた上方修正してきた。河野太郎氏は「JSC事務所ビルの便乗建て替えは許されない」「維持費などで赤字が出ても国庫補塡はしない」と強く言明し、新聞で話題となった。JSCは答弁で「検討中」をくり返し、「オリンピック後の使い方はあとで考える」という始末。順番が逆である。何でも見切り発車であとから検討だという。まさにマルクスの『資本論』にある「我が亡き後に洪水は来たれ」の発想だ。

このJSCってなんだろう。Japan Sports Council の略だそうだが、調べてみると文科省の管轄する独立行政法人で、事業規模一四〇〇億円ほど。収入のうち一〇〇〇億ほどを toto の売り上げが占める。職員は常勤と非常勤で四二〇名ほど、役員は七人で、そのうち二名が文科省からの天下り、理事長は河野一郎氏、人件費五四億とか出てくる。文化庁の一・四倍の予算である。「未来を育てよう、スポーツの力で」とトップページに謳っている（現在、削除された模様）。

一九五五年に日本学校給食会が設立され、それが日本学校安全会や日本学校健康会、日本体育・学校健康センターとなり、いつのまにか国立競技場管理運営やスポーツ振興もその業務に入っていった。それを引き継ぐかたちで二〇〇三年に設立された。設立時には政府から一九五三億円の資金が出ている。法人設立の趣旨は「国民の健康増進」だそうで、国立競技場の管理運営業務などスポーツ関連事業と、学校での災害や事故への給付業務の二本柱の活動を行なっている。ややこしい。

さて、神宮外苑の景観や緑の保全を訴える私たちには、「感傷的なことばかり言うな」「きれいごとだ」という批判がある。景観にはあまり興味のない国民性らしい。彼らは「納税者として金のことをはっきりさせよ」と言う。両方大切だと思う。だから数字に弱い私も一生懸命数字を覚えようとするが、これがくるくる変わるので始末が悪い。数字を示すと、今度は「金のことばかり言うんじゃない」と文化・景観派に言われて痛し痒しだが。

外国ではオリンピックやサッカーのワールドカップに合わせて巨費でつくられ、あとで使いようのないスタジアムのことを「ホワイト・エレファント」と呼ぶ。ザハ案は象にはとうてい似ていないけれど。イカだとか、自転車のヘルメットだとか言われている。タレントのマツコ・デラックスは「女性器そっくり」とラジオで述べた。私は「神宮外苑の森に横たわる白鯨（モビー・ディック）」と名づけてみた。どうも当初案にあったイカのゲソ部分は審査の過程で取れちまったようだ（七ページ参照）。

ラジオ番組で大和一光・前国立競技場場長の話を聞く。大和さんは今の国立競技場を限りなく愛しており、聖火台の秘話などにも触れていた。一九五八年のアジア大会のときに川口の鋳物工場の親子が心してつくったが、湯入れのときに型枠が壊れてしまい、お父さんはそのショックで八日後に死去、息子さんが大奮闘で大会に間に合わせたという。その大和さんでも「ホスピタリティ機能や天井の低さ、メディアセンターがないこと、老朽化」のため、建て替えやむなし、という考えらしい。

たしかに五〇年経つと、記者たちもメモに鉛筆でなくパソコンを持ち込むだろうし、テレビ中継その他の機材も変化しているのはわかるが、それくらいは改修でも対応できるだろう。番組を一緒に聞いていた息子は言う。「「ゆず」という人気デュオの「栄光の架け橋」という曲のプロモーションビデオは、国立競技場で撮影されたんだよ。お母さん、ゆずに手紙を書いて味方になってもらったら」

十一月二十九日。地域の友人たちと再び国立競技場を見学。運よく、スタジアム・ツアー（参加費一〇〇〇円）に空きがあった。観客席は空に広がるように伸びている。空は真っ青で、最後部座席まで上ると、近くに新宿高層ビル群、左手に丹沢や富士山がくっきり見えた。ここでビールを飲みながらサッカーを観戦したら気持ちいいだろうなあ。高さ七〇メートル超のスタジアムが建てば、窓から富士山が見えなくなる住宅やオフィスもあるはず。サッカーもラグビーも雨でも試合は行なうものだ。開閉式屋根が欲しいのは文化イベントと称する音楽興行をしたい人なのだろう。十一月二十六日の有識者会議でも「屋根はマスト（必須）」と言ったのは、作曲家の都倉俊一氏（日本音楽著作権協会会長）だった。

文京区の東京ドームは昔、後楽園球場といって屋根がなかった。小さい頃、歯科医だった父の患者さんに年間席を持っている方がいて、切符をもらって野球少年の弟を連れて行った。「おう、金だ、拾おうか（王、金田、広岡）」とか、「長嶋、ライトにながしました。高田、たかだかと打ち上げました」なんてくだらない冗談を言いながら、夜空のライトを見あげていた。あの雰囲気が好きな私は、東京ドームは閉塞感があって行く気がしない。そういえば松井秀喜選手の打ったフライの球がドームの天井の金属に挟まったのを見たことがある。あんなのもう見たくない。がっちりした屋根のついたスタジアムなんて、うっとうしいだけだろうなあ。

　サッカーファンの知人いわく「神宮はアクセスが最高。埼玉スタジアムは仕事帰りに浦和美園まで行って、二〇分歩いてスタジアムに着く頃には前半が終わっている」。別の友達は「イタリアではゲームが終わると一斉にゲートが開くのに、日本はすごく待たされる。観客の出し方がへた」と言う。こういうスポーツファンの友達の話は参考になる。

　国立競技場のスタジアム・ツアーでは、案内の若い女性が「3・11直前に耐震改修をしたばかりで、地震では被害がありませんでした」と説明していた。それならなぜ壊すんだ。あとで施設課に問い合わせてみると、「平成二十一年に調査をした。耐震改修が必要だろうということになったが、本格的にやると基本計画、設計、工事で五年かかるので、「安全対策」というかたちで急ぎ予算を要求して行った。場所はメインスタンドの大庇《おおひさし》が耐震基準より低かったので、中の鉄骨の補修、屋根を支える柱を太くする、電光掲示板の補強など、五億九九〇〇万円かかりました」とのこと。また「現在の経営は「嵐」のコンサートの他にもトレーニングセンター、水泳場、入場料などで、赤字にはなっていない」ということだった。ガイドの女性によると、ハンマー投げの室伏広治選手が、聖火台をごま油で磨きに来ているとか。

　人気アイドルグループ「SMAP」「嵐」がコンサートを行なったときのエピソードなども聞く。

サッカーファンたちはそれぞれ、お目あての選手のユニフォームが掛かった更衣室で写真を撮るのに興じていた。VIPルームもこれで十分じゃないかなあ。天皇、皇后はお付きの人にも同じ部屋でどうぞ、と言っているらしいし。明後日はラグビー早明戦にユーミンが来て「ノーサイド」を歌うという。

少し頭を整理してみた。

神宮外苑一帯は都の風致地区である。

風致地区の高さ制限は一五メートルである。しかし都市計画上の用途地域では、国立競技場周辺

スタジアム・ツアー　快晴の国立競技場最後部からの景色と外観　著者撮影

は二〇メートル高度地区と異なり、ややこしい。

だが、アジア大会のときの二代目競技場もなぜか三〇メートルの高さまでスタジアムは建てられた。その後、東京オリンピックまでに東側のスタンドを非対称に高くし、増席した。東京オリンピックの際は木製ベンチだったので七万二〇〇〇人収容できた。その後個別シートとなり現在五万四〇〇〇席。

照明灯の高さが最高六〇メートルあるが、これは工作物であって建築ではないので、許されているそうだ。

今回のコンクールはその高さ規制を無視して、高さ七〇メートルまではよいとした。ザハ案はコンクール当初七五メートルあった。

そしてコンクールのあと、翌二〇一三年五月十七日の東京都都市計画審議会で、まともな論議もなく高さ七五メートルまで追認、規制緩和した。審議会には都市計画家も建築家もいない。しかも神宮外苑一帯で規制緩和をしたために、絵画館と銀杏並木のすぐ裏まで八〇メートルのビルが建築可能とのことである。東京都も新宿区もいままで風致地区を盾に、再開発に対しては厳しい指導をしてきたはずなのに。

一転、都の「新たな長期ビジョン（仮称）」では、この地域に「スポーツのメッカとしてのにぎわい」を創造することになっている。「激化する都市間競争を勝ち抜き、東京を世界一の都市にしていくためには、オリンピック・パラリンピックの先も見据えたさらなる環境整備が求められてい

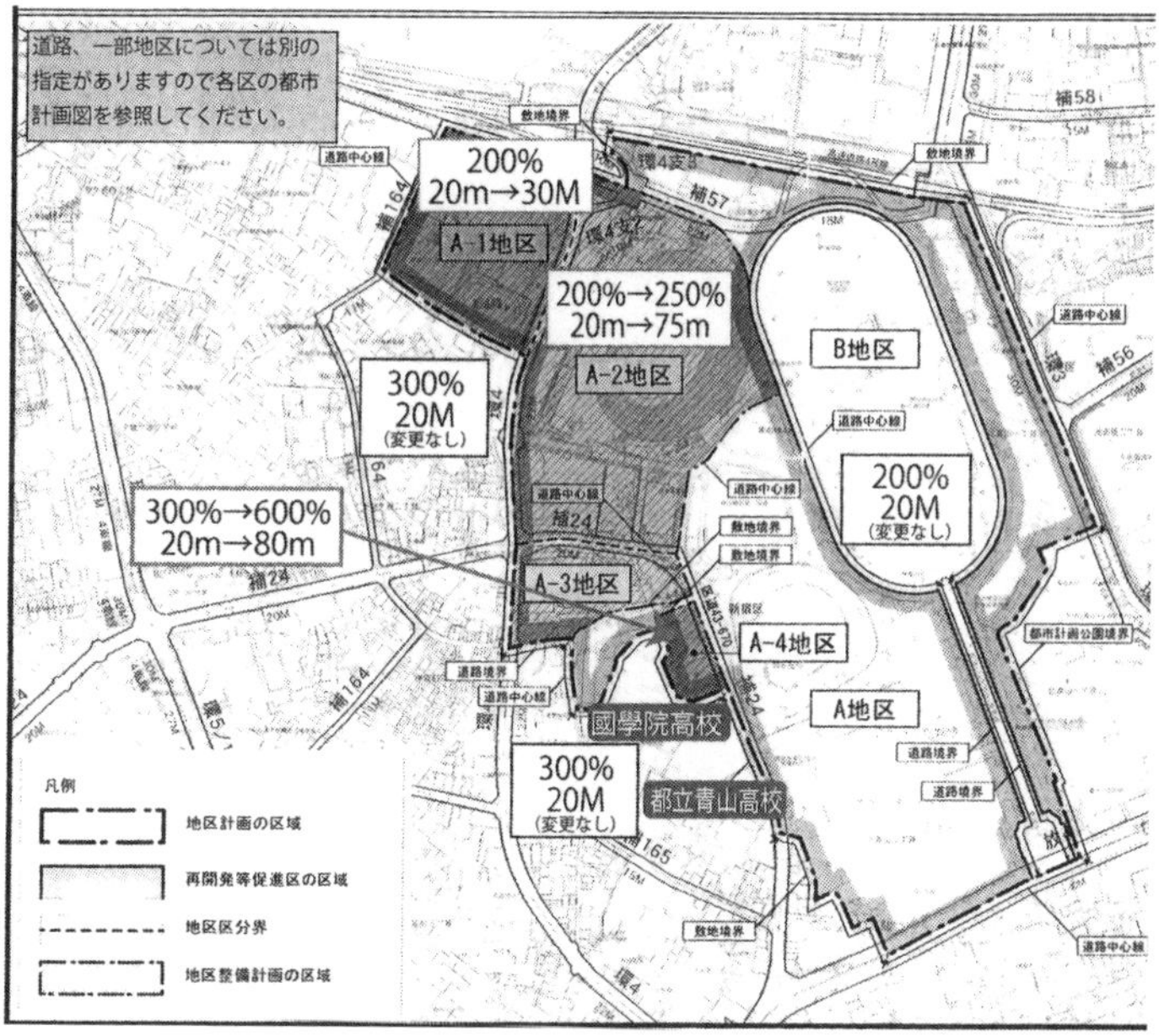

神宮外苑地区地区計画　2013年５月17日

ます」。よくある抽象的行政的な文言だが、開発主義なのは間違いない。「整備」という言葉を行政が使うときは要注意だ。「環境」は目くらましの接頭辞で、中身はもろ「再開発」。世界一なんかならなくていい。「都市間競争」なんて一九八〇年代の流行語である。

すでに『週刊金曜日』が二〇〇五年三月に特集を組んでいる。それによれば二〇〇四年頃、広告代理店・電通が「GAIEN PROJECT「21世紀の杜」企画提案書」なる分厚い計画書を持ってスーパーゼネコンをまわったという。そこには二〇二四年東京オリンピック招致まで掲げていた。つまり風致地区の指定があるため開発されないできた神宮外苑周辺は、開発者から見ても喉から手が出る東京の「最後の聖地」なのだ。そして明治神宮が納得しなければ、この地域での規制緩和はできないはず。ということは宗教法人もこのビジネスに、オリンピックに一枚かんでいるのだろうか？

十二月一日。東京大学で槇文彦、磯崎新、原広司の三氏が鼎談するというので行ってみた。会場の階段教室は満員、立ち見も多い。槇さんの「漂うモダニズム」と磯崎さんの大阪万博から始まる話は理解できたが、原さんの数学と宇宙理論から建築を説明しようという話には頭がついていけなかった。もちろん今日は新国立競技場がテーマではない。それでも槇さんは「新国立競技場コンクールのプロセスが不明のまま計画が決まったことは忘れてはならない」と発言。磯崎さんのコメントにも耳がぴくりと立った。「オリンピックは都市が立候補するもので国が口を出すべきではない。都心の神宮外苑はテロ対策という面で見ると最悪。……自分がザハだったらコンクールのプログラムが悪いと訴訟できる」（大略）と述べておられた。磯崎さんこそ八〇年代の各種コンペ、くまもとアートポリスや名古屋世界デザイン博覧会からヴェネツィア・ビエンナーレまでを主導してきた。一九八三年、香港のヴィクトリア・ピークのピーク・クラブのコンペで若きザハ・ハディドを見いだした方である。事業者の倒産により、この香港のザハ案は実現に至らなかった。

同じ頃、『春秋』（十二月号）は「２０５０年のＴＯＫＹＯ——新国立競技場から考える」を特集していた。建築評論の五十嵐太郎さんは言う。当選案については「巨大な宇宙船が東京に降り立つがごとき、未来的な雰囲気にあふれている」「論議を経た上で新しいランドマークは都市の風景として受け入れられるべき」と主張した。もともと場所と関係のないデザインなので「海辺に舞い降りてもらうのだ」と臨海部案を提唱している（「東京はメディア建築を受け入れるか」）。

民主党の元文部科学副大臣で、有識者会議のメンバーでもある鈴木寛さんは「現国立競技場は八万人収容が条件となっている国際スポーツ大会には今後使えない。メインスタジアム問題があって今まで国際スポーツ大会の招致に二度失敗。二〇一六年の計画では晴海に新築、国立はサッカー専用にするというのは二重投資に。それで建て替え案になった。安藤忠雄氏がコンペをしたいと言い出した」と書いていた（「国立競技場の改築はいかにして決まったのか」）。藤原徹平・横浜国大准教授は「ヘリテッジ＝遺産を大切にするオリンピックのシンボルとして解体しないで改修をするという選択は十分あり得るシナリオだ」と主張（「閉じたオリンピックから、開かれた東京へ」）。

十二月二十一日にはスポーツ法学会のシンポジウムが早稲田大学で行なわれた。日本柔道連盟、ＪＯＣ（日本オリンピック委員会）その他で、スポーツをめぐり暴力やセクハラ、収賄などの問題が起こり、第三者委員会を設置しなくてはならなくなっている。それで私が先年「日本相撲協会」の「ガバナンス整備に関する委員会」の委員を務めた経験から招かれ、シンポジウムで発言を求められた。

オリンピックに深く関わるＪＯＣや日本体育協会などの関係者も参加するということで緊張した

が、望月浩一郎弁護士の上手な司会で無事に終わった。つづく懇親会で鈴木知幸順天堂大学客員教授とお会いできたのは大収穫だった。

「僕は元々陸上の選手で、最初は体育の教員として都に採用され、離島で教師をしていたことがあります」。へえ、そうでしたか。「槇文彦さんが東京体育館を設計されたときも、担当であそこにいました。高さ制限が厳しくて苦労しました。相当地下を掘って、床を低くし、高さを抑えたんです」。あらそうなんですか。「二〇一六年のオリンピック招致のとき、僕は都の招致準備担当課長だったんですよ」。ええええっ！「あのときは石原知事と懇意な安藤忠雄さんに、臨海部でソーラーを屋根に載せた円形スタジアムの絵を書いてもらってアピールしたのですが。カーボンマイナス（二酸化炭素の排出を減らす）オリンピックを謳い、一〇〇〇億円でできるはずでした」。なんで今回は臨海部のメインスタジアムはだめということになったのでしょう？「地震と津波の後で、三方が海ということにIOCが難色を示したのでしょう。橋が一本しかないという委員もいました」。はあ、ぜひそのお話を次の私たちの会で話していただけないでしょうか。といって私はグラスをおき、あわてて名刺を交換した。

その前の十二月十三日。共同代表の多児貞子、山本玲子と文化庁へ行き、要望書（質問事項を含む）を渡した。要望は「重要文化財である聖徳記念絵画館のバッファゾーンの景観を保全してほしい」ということ。バッファゾーン（緩衝帯）とは、文化財の景観を壊すような新しいものを周辺に建てさせず、樹木などで包むことである。

日本ではこのバッファゾーンという考えは尊重されていない。たとえば特別名勝・特別史跡と二つも重なっているわが文京区の後楽園（元水戸徳川家上屋敷）の塀のすぐ外には東京ドーム、東京ドームホテル、トヨタ東京本社ビルなどが林立、庭園側からの景観を著しく損ねている。

いっぽうカンボジアの世界遺産アンコールワットは早朝、森の中に静かに浮かび上がる。もし観光客が見込めるからと「遺跡に一番近いホテル」が林立したら景観は台無しだ。これは旧宗主国フランスの思想がいまも生きていると聞いた。フランスでは一九七七年のフュゾー規制により、パリ市内の四五地点で、歴史的景観を損なうビルを新築することを禁止している。日本では東京駅や国会議事堂周辺は空もビルで塞がれてしまった。

文化庁への質問は「一九五八年のアジア大会のために建築され、六四年の東京オリンピックに向けて増築された現在の国立競技場の文化資源としての価値を、文化庁はどうとらえているか」というものであった。建築史家の鈴木博之さんに十一月二十六日に会ったとき、「今の国立競技場を文化財とは思っていない」「聖火台やレリーフなど文化財的なものは外して残す算段はしている」と言われたのが驚きであった。『都市の記憶』の著者で、長らく東京駅丸の内駅舎、東京銀行倶楽部、日本工業倶楽部、東京中央郵便局などでも保存運動の同志と信じていただけに。

しかしオリンピックが行なわれ、その後のサッカーの試合、世界陸上も含め、これだけ記憶に残っている建物は文化財として、せめて文化資源として評価すべきなのではなかろうか。またそれは初代の競技場とも形が似ているため、戦前の数々の名勝負や一九四三年の出陣学徒壮行会などの記憶も引きついでいる。

かつて赤れんがの東京駅を残すさい、日本建築学会は一九一四（大正三）年に辰野金吾が設計した洋風建造物だから「建築史的価値がある」と考え、保存を要望したが、私たち市民の思いはまた違っていた。人生の通過駅としての東京駅、その「原風景としての価値」が大切だと思った。たくさんの人々が、青雲の志をいだいて上京したときに見た駅舎、出征するとき、復員したとき、戦火によってドームが焼けた東京駅、平和になって避暑に行くときのわくわくする感じ、などさまざまな思い出を私たちに語って、保存に賛成してくれた。現国立競技場にもそれがあるはず。

もう一つは「居心地の良さの価値」。丸の内に働いている会社員は、「あそこに超高層が建ったら、通勤がとってもつらくなる」と言った。仕事を終えて家路につくとき、ライトアップされた低い東京駅の向こうに、広い空が見えてほっとするというのだ。私も関西から新幹線で帰ってくるとき、東京駅丸の内北口前のバス停で、運転手さんがチョッキを着たまま伸びをしていたりする。そんなのんびりした風景を見、この建物は、私たちが運動して残したんだ、と思うと何となく嬉しくて、長旅の疲れが取れる気がする。

文化庁では大和智鑑査官の配慮で、要望書を直接、青柳正規長官に渡すことができた。しかし返答はなかった。文化庁は文科省の付属機関である以上、文科省が主導している新国立競技場計画に背馳するような回答は出来ないということだろう。環境庁と同じく、早く文化庁を独立した省に格上げしてほしいものだ。大和さんはアゼルバイジャンにザハ・ハディド氏が設計した、のたうちまわるイカみたいな建物（ヘイダル・アリエフ文化センター）を見てきたばかりだそうで、その動画も見せてくれた。外壁が可燃性のため竣工早々、火事になったとか。

神宮外苑が開発され、「スポーツを中心とした」盛り場になったらどうなるのか。神宮内苑、新宿御苑、東宮御所、青山墓地、皇居へとつながるこの都心の緑地帯は、近世から近代の歴史のあともくっきり残っている。同時にここに樹や土があるから、都心のヒートアイランド化は防げている。臨海部に高層ビルが林立して、海からの風の道が遮られてきた、これを東京ウォールという。これと違い、都心は神宮周辺の緑地によって、かろうじて風の道が保たれているのではないだろうか。

新国立競技場問題を考えているといろんな論点に気づく。しかしこれらは論議にはまだあがっていない。ふと、この巨大な建造物は環境アセスをやるつもりなのだろうか、と思いついた。

5　後追いの規制緩和、近隣住民の不安

二〇一三年師走、私たちは賛同者を少しずつ増やしつづけていた。チェンジ・オーグという署名サイトを使うといい、と教えてくれた人がいて、多田君枝が文案を考え、「神宮外苑の青空と銀杏並木の風景を守ろう。巨額の建設費をかけない新国立競技場を求めます」というキャンペーンを展開し、ネット経由で簡易に署名できるようにした。市民運動とは自分の蒙が開かれるプロセスである。私たちは建築上だけではないいろんな論点に気づき、学び、進んだ。チェンジ・オーグの賛同者のコメントも、しごくまっとうなものであった。

「原発事故が収束していないにもかかわらず、東京オリンピックを開催すること自体が大問題なのに、多大な税金を新会場につぎ込むのは「恥の上塗り」以外の何物でもありません」（林秀治さん）

「一時期しか開催されないオリンピックのために、成熟した東京の景観を破壊し、巨額な建設費を

かけることに反対します」（高橋宏枝さん）

「節度ある賢いオリンピックでありたい」（野崎浩司さん）

「巨額の建設費を掛け、神宮外苑の景観を壊してまで新国立競技場を建設する必要はないと考えます。税金の無駄遣いです。現在ある国立競技場の改修・改築で良いと思います」（渡辺勝美さん）

「巨大過ぎて、一年に何回も使われる見込みの無いスタジアムなど必要ありません。ロンドン・オリンピックでやったように、オリンピックが終わったら、縮小できるような方法を考えるべきです」（太田睦さん）

賛同署名をお願いすると、「そもそもオリンピックに反対なので国立競技場に興味はない」と言われることも多かった。意識の高い人ほどそういう傾向にある。これに対しては「オリンピックがあるなしにかかわらず建て替える計画なので、国税、つまりあなたの税金も使われます」と説得した。北海道や沖縄の人に話すと「なんだかよその国のことみたい。ピンとこない」というので「あなたの息子や娘がずっと維持費や修繕費を税金で払うことになります」と説得した。「特定秘密保護法、憲法改悪、国民総背番号制、普天間基地移設から、リニア新幹線、被災地の防潮堤、高台移転までもっと大事な問題がある」とも言われた。「対案を出せ」と言う人もいた。

槇文彦さんのグループの一人に「その後、なにか進んでいますか?」と聞くと、「十月のシンポジウムを本にするようです」との答えが返ってきた。そうか、もうこれ以上、社会的に新たな発言はされないのだろうか、とやや心配になった。その本の編集者、平凡社の福田裕介さんから、私にも市民の立場で書いてほしいと原稿依頼があり、快諾した。

『全国革新懇ニュース』『週刊金曜日』『信濃毎日新聞』『婦選会館ニュース』『女性自身』『傘松』『建築ジャーナル』「八ッ場あしたの会」会報、『女性展望』、谷根千のホームページ、どこでも新国立の問題についての原稿依頼は、私たちの考えと思いを訴える場として引き受けることにした。当たり前のことだが、私はプロの物書きとしては同じような原稿は二度書かない。しかしこうした社会的問題についてはメディアの垣根を超えて広めていくしかない。政治思想家の故・藤田省三さんの「森さん、必要があれば同じことを何度も書いていいんだよ。そうするとだんだん深まっていくよ」という遺言を心頼みとした。

十二月初旬、国際デザイン・コンクールで審査員を務めた内藤廣さんが「建築家諸氏へ」というコメントを自らのホームページに載せた。何も説明責任を果たしていない審査委員長の安藤忠雄さんに比べるとずっとましだが、その内容は首肯しかねた。「座敷に呼ばれて出かけていったら袋叩きにあった」のではザハが気の毒、「今はザハのやる気をおおいに危惧している」「決まった以上は、ザハ生涯の傑作をなんとしても造らせる」と書かれていた。

　そして、常日頃から神宮外苑の景観を議論もせず、聖徳記念絵画館を愛してもいないくせに、突然景観だなんだと言い出し「署名運動を繰り広げている建築家たち」を批判していた。これは槇グループのことであろうか？　彼らは発起人、賛同人は集めたが、署名運動は私たちしかしていないので、私たちのことかもしれない。とはいえ、震災直後のことを「思い出してください」にはじまるセンチメンタルな表現、「分かりやすい正義」というわかりやすすぎるおとしめ方、「都市間競争の負け組になる」というアナクロな脅しなど、後味の悪いエッセイであった。

　内藤さんもこの論争を建築界という業界内部のことととらえ、ステーク・ホルダー（利害関係者）である都民や国民のことは眼中にない。公共建築は住民がスポンサーの、住民のものであるのに。今までの作品から、内藤さんは独りよがりの使いにくい建物を建てて、耳目を驚かそうとするような建築家ではないと思っていただけに、びっくりというか、がっかりだった。


　もちろんザハ・ハディド氏が悪いのではない。問題なのはこのコンクールの募集要項である。「お座敷の用意」そのものが悪いのだ。風致地区一五メートル、高度地区二〇メートル制限のところで、高さを七〇メートルまでよいとしたこと（しかもザハ案は逸脱して七五メートル）。敷地を明治公園まで広げてぎりぎりまで使ってよいとしたこと。予算一三〇〇億円、八万人収容。開閉式屋根必須という条件。しかも神宮外苑の歴史や自然環境についての留意事項などを明記しなかったＪＳ

Cの不手際。二人の英国人審査員の不在。予選から本選への過程で、敷地からの逸脱をやめ、建物の向きを変えるなど、募集要項では禁じられている変更が加えられていること。「はじめからザハを当選させる出来レースではないか」という消えない噂。しかしそこに立ち戻って批判するのは、一般市民にとってはどうしても関心外で後戻りのように見える。

安藤さんは「僕はデザインを選んだだけ、JSCに聞いて」と言ったが、この募集要項そのものを決めるのに安藤さん、内藤さんたちは関わらなかったのだろうか？　本当に一三〇〇億円でできると思って選んだのだろうか？　三〇〇〇億円になると見抜けないほどの力量なのか？　審査に参加した構造設計の和田章氏、都市計画の岸井隆幸氏、彼らはどんな発言をし、どんな役割を果たしたのだろうか？　審査委員会の議事録をJSCはいっさい公表していない（二〇一四年五月三十日になって概要のみ公表した）。

責任があるのはデザイン・コンクール審査委員の面々だけではない。さかのぼるが、ザハ案が当選した翌年の二〇一三年五月十七日に、都の都市計画審議会はなんの論議もなく、挙手による賛成多数で、神宮外苑周辺の高さ制限を撤廃し、競技場周辺（A−2地区）は容積率を二〇〇から二五〇パーセント、高さを二〇メートルから七五メートルに緩和（五三頁の図を参照）。こういうのを「追認」という。先に触れたように、都市計画審議会には都市計画や建築の専門家はいない。都議や警察などの政治家や官僚がほとんどである。数少ない民間人の埼玉大学経済学部教授の田中恭子さんはこの日欠席だった。弁護士の稲田早苗氏や環境カウンセラーの崎田裕子氏も発言をした形跡はない。唯一、公園財団の主任研究員・堀江典子氏が次のように発言している。

「計画対象地である明治公園と神宮外苑の一帯は、歴史があるスポーツエリアであると同時に、都心部にありながら非常にボリュームがある緑が育っているからこそ風格と魅力があり、また、都市気象の緩和や生物多様性向上といった環境面におきましても、極めて重要な役割を果たしている地区であると理解しております。今回、老朽化した施設更新とあわせて地区全体の機能強化が図られるということに期待しているわけですが、計画を具体的に進めていくに当たりましては、このような地区の特性を踏まえて、ぜひ機能を十分に発揮できるだけの圧倒的な緑の量と質、そして、ユニバーサルデザインの徹底によって、世界にも、そして次の世代にも誇れるスポーツエリアを実現していってくださるようにお願いしたいと思います」。

この発言も見事にスルーされた。驚くべき御用審議会、委員たちの責任も重い。

十二月二十日の各紙は、下村文部科学大臣が保留としていた開閉式屋根が付くことになったと報道。これについて情報をくれた方がある。「新国立競技場の建設は大成建設、オリンピック選手村は大林組と噂されている。この二社であれば生コンの供給元は麻生太郎財務大臣ゆかりの麻生セメント。開閉式屋根は太陽工業で、鉄骨は神戸製鋼、安倍総理が大学卒業後、勤務した会社です」。

そのウラをとる時間も力量もないが、深部で動いている力があるのかもしれない。

開閉式屋根は専門家に聞くとＦＲＰという、繊維強化プラスチックを使うのではという。日本では可燃性のため、屋根材としては許可されていない素材だ。近くの神宮球場では花火大会もあるというのに、大丈夫だろうか（のちに合成繊維の膜材Ｃ種を使用と発表された。これも農家のビニールハウスに使う素材で脆弱で可燃性があり、燃えるとダイオキシンが出ると言われている）。

開閉式屋根が付いているスタジアムでうまくいっているケースは少ない。

開閉式屋根が失敗し、一九七六年のモントリオール大会では巨額な負債が残ったため、のちの一九八四年ロサンゼルス大会では実業家のピーター・ユベロスがオリンピックの組織委員長を務め、既存スタジアムを用い、テレビ放映権を高く売るなど、収支計算に長けたオリンピックが行なわれるようになった。しかしそのため「参加することに意義がある」「メダルの数は問題じゃない」「オリンピック精神はアマチュアリズム」といった、私たちが一九六四年に学校で刷り込まれた価値は放擲され、オリンピックはビジネスチャンスと経済効果として多く語られるようになっていった。

いままでのオリンピック・メインスタジアムと比べても、今回の予算一三〇〇億円がどんなに大きな数字かがわかる。それでは足りず三〇〇〇億かかるだの、一八〇〇億まで減らしただのという駆け引きがはじまっている。元々高い予算からしても五〇〇億も超過している。開催都市として出資せよと言われた猪瀬直樹都知事は、都民の批判を恐れて「周辺整備にお金を出す」と言った。

この頃、私はロンドンの経済学者・故森嶋通夫夫人の瑤子さんからメールを受け取った。

「とにかく、私は東京がオリンピックを二〇二〇年にすること自体が、問題だと思っていました。招致が決まる前に福島原発の汚染水問題が報じられ、これは辞退した方がいいのではないかと思っていたくらいです。ところが安倍首相が「コントロールできている」とシャーシャーと言ったので、腹が立つばかり。そのうえ、東京都知事は何のために借金したかわからない五〇〇〇万円の現金を奥さんの金庫に入れていたというのですから。

一体全体、日本はどうなっているのでしょう。イギリスならば都知事は絶対クビになりますね。金を返せばいいんでしょうという態度は、失言をした多くの大臣たちが口先で謝れば安泰というのと同じで、都知事も安泰なのでしょうね。そもそも、責任ある地位の人がそのような間違った判断をすることはイギリスでは許されません。間違った判断をしたことを恥ずかしいとも何とも思っていないとすれば、常識もモラルもないということです。ロンドン・オリンピックで、イギリス国民は自分たちはよくやったと満足しています。オリンピックによって長い間荒れ果てていた地域が見事に再開発されたのですから。東京とは事情が違いますね」

ロンドン・オリンピックが成功かどうかについては議論の余地があるが、海外在住者の観点から、興味深い意見だと思った。

猪瀬氏が徳洲会から五〇〇〇万円の借金をし、政治資金規正法の疑いで辞任し、後任知事が都税から支出するかどうかが注目される。猪瀬知事はオリンピック招致時、「金は銀行にある《キャッシュ・イン・ザ・バンク》」といったのに、「(徳洲会の)金は鞄に入っていた《キャッシュ・イン・ザ・バッグ》」ではないか、と話題になった。そして独立行政法人の

ＪＳＣ相手に住民監査請求は難しいが、都が税金を支出するとなれば、住民が法的対応をすることが可能だ。

日本では大型スポーツ施設は供給過剰気味である。二〇〇二年、日韓サッカーワールドカップのために埼玉スタジアム、札幌ドームなど、あちこちに作られた。国立競技場はワールドカップでは使われなかった。それ以来、国立でのサッカーの試合は少なくなり、もはや「聖地」とは言われなくなっているとも聞く。いっぽう新しくできたスタジアムも利用率が低く、多くのスタジアムが赤字に喘いでいる。

作られたのに活用されずにお荷物になるスタジアムを、ホワイト・エレファントと呼ぶと前に書いた。これはタイの故事に由来するそうな。白いゾウが王様に献上され、神聖な動物なので王だけが乗ることができた。しかし餌代がかかり閉口した王様は、気に入らない家来に遣わした。家来としては乗るわけにもいかないし、売るわけにも殺すわけにもいかない。ゾウをもてあました、という話である。いっぽう新国立競技場を音楽興行に使うとすると、現在コンサートなどによく使われる日本武道館、東京ドームなど既存施設との競合の問題が出てくるだろう。

十二月二十四日、私たちはＪＳＣにあらためて納得しかねるところを質問した。十一月二十五日に私たちが出した要望書に対する回答（十二月十六日）のここがおかしいんじゃないかしら、あそこが気になると私がメールでおおよそを伝えると、京都にいる森桜が緻密な文章でまとめあげてくれた。コンクールの募集要項を誰が決めたのか、審査の過程、イギリス人二人の審査員の不参加について、ザハ・ハディド氏との契約の内容、最後に安藤委員長の「プロセスには市民誰もが参加できるようにしたい」というメッセージはどうなったのか？　森桜の仕事の速さ、有無をいわせぬ論理構成には舌をまく。法曹にしても、政治家になってもよい資質だ。聞くとさもありなん、ご両親と兄は弁護士だという。ＪＳＣ河野一郎理事長と安藤忠雄さん宛てにした。安藤さんは審査委員長というＪＳＣから依頼された公職にあるのだから、彼の建築事務所でなく、ＪＳＣに二通送った。さてどういう回答が来るのか？（巻末「資料2」を参照）

いっぽう、メガスタジアムが計画されているというのに、一番影響をこうむる近隣住民から声が上がらない。ようやく近くのマンションの自治会の要職を務める方から連絡がはいった。現地を見てほしいという。外苑西通りにはガラス張りの「千駄ヶ谷インテス」など、オフィスビルはいくつかあるが、マンションは少ない。その一つは最近完成したばかりの「シャリエ神宮外苑」というマンションで、風致地区の緑が気に入って買った人もいるということであった。十二月二十六日にさっそく行くことにした。住民の話を聞く。

「新国立競技場が目の前に建つことは私たち購入時にわかっていました。業者は一階は販売できないと考え、分譲したのは二階以上、採算が取れなかったと言っていました。うちも東側の窓を開けると新国立が壁のように立ちはだかるということになりそうです。

いま緩衝帯のようにある外苑西通りの並木も切られるのではないかと思います。人工地盤の高さがちょうど四階くらいです。歩行者に家の中をのぞかれるのではないかと心配です。起伏のある土地ですから、どこから測って高さが七〇メートルなのかもわかりません。明治公園と競技場の間の区道も廃止されるそうです。生活に大きな影響があります。スタジアムの壁や屋根にどんな素材を使うのかもわかりません。屋根の光の反射や風害、工事の騒音もわかりません。ＪＳＣに疑問をぶつけると、検討中です、というだけ。でも検討が終わったら、動かしようがない計画として発表されるのではないでしょうか」

不安そうだった。「「嵐」のコンサートのときは、臨場感あるといいますか、ものすごい音響です。年に二回のことなので我慢していますが、これが年一二回になったらどうなるのか。コンサートの入場者は五万四〇〇〇人でも、まわりに入れないファンや切符を売るダフ屋も出て混雑し、住民はスムーズに通行できない状態です」

大きな問題である。敷地いっぱいに巨大なスタジアムを建てた場合、入退場はどうするのか、地震や火災、テロなどの緊急時にはどう避難させるのか、一切明らかにされていない。

防災の専門家の友人に意見を聞いてみた。

「東京に直下型地震があったとき、大きなスタジアムのような施設があるのはとりあえずはいいことです。しかし天井の高さが七〇メートルの建物の下で、固定椅子があるのでは、避難生活は送れませんね。高さ一〇メートルもない小学校の体育館だって、人々は屋根や壁に守られている感じがしないので、テントを張ったり、段ボールで区切ったりしました。帰宅困難者の一時避難所とか、遺体の仮収容所、物資の貯蔵庫とか自衛隊のヘリの発着場にはなるかもしれませんが。神宮外苑は森の中にテントを張った方が過ごしやすいでしょう。天災時には、自然現象よりも人間の動きの方が予測しにくいです」と言う。

国立競技場は新宿区にあり、渋谷区との区境に近い。神宮外苑は港区、新宿区、渋谷区の住民にとって広域避難場所になっているのだが、緑地や道路をつぶして巨大建造物が建ってしまった場合、また工事中に災害が起こった場合、住民はどうするのだろう。ＪＳＣに電話をかけ、「災害時、開閉式屋根が停電で動かせなかったらどうするのですか、真夏に閉じたままだったり、真冬に空いたままだったら、そこで避難生活はできないでしょう」と聞くと、「大丈夫です。自家発電設備を付ける予定です」と答えるのだった。

電気で動く開閉式屋根、可動席に加え、屋根があるために必要となる空調を計画し、さらに自家発電装置とは。これが原発事故を起こし、放射性物質を空に海に垂れ流して世界中に迷惑をかけた国のやることだろうか。だいたいアメリカのプロスポーツの時期をはずすために、真夏の湿度の高い東京でオリンピック・パラリンピックをやるということ自体、間違っている。

アメリカ人の友人、歴史家ジョルダン・サンドさんは言う。「オリンピックは成熟した都市を破壊する可能性が高い。いっそのこと経済不振に悩むギリシアのどこかの島をオリンピック島にして、毎回そこでやるのがいい。そうすれば条件が同じだから記録も比べやすいし、その島の振興にもなる」。同感だ。季節も環境もちがう場所で、記録を競っても意味がない。

金が回れば、経済は一時的に良くなったかに見える。仮にオリンピックまでは景気が良くなったとしても、その後は経済が失速する。ギリシアの経済危機はオリンピックが一因だという。ミュンヘンは二〇二二年の冬季五輪を、ウィーンは二〇二八年の夏季五輪を、ともに住民投票による市民の反対で招致を断念、二〇一五年七月にはボストンも二〇二四年夏季五輪の招致を断念した。二〇一六年のオリンピック招致に対してシカゴでは「NO GAMES CHICAGO」という市民の反対運動が盛り上がった。冬季オリンピックを返上したコロラド州デンバー（一九七六年）のようなケースもある。それでも世界の誰もデンバー市民を責めはしない。近代オリンピックも歴史的使命が終わろうとしているのかもしれない。「八万人は国際公約」は日本側の計画者が勝手に言っていることで、別にIOCは八万人のスタジアムでなければいけないなどとは言っていないのだ（通常六万以上としている）。

十二月二十七日、家の近くの東京ドームで「タイガース再結成コンサート」があった。私たちの年代にとってはあこがれのグループサウンズ、友人に席を取ってもらった。アリーナのパイプ椅子に座って両隣の女性に生まれ年を聞いてみると同い年だ。夫婦で来ている人も、娘を連れて来ている人も。タイガースのイメージカラー、黄色いTシャツを着て、大昔の少女たちが飛んだりはねたりする。渋谷公会堂ならこのくらい飛ぶと床がすごく揺れる。

「シーサイド・バウンド」ではアーティストも観客も年をとったぶん、昔よりテンポがゆっくりだ。遠くのジュリーが豆粒みたいに見える。壁面の大きなモニターに大写しになるのだけど、家でテレビで見た方がよく見えるかも。それにしても、タイガースは三年で解散したが全部といっていいほど名曲。ただ作詞ときたら、好きな少女が「フランス人形抱いていた」りする幼さなのだが。

休憩時間にトイレは長蛇の列。「国立競技場を改修して使おう」と言うと、同年齢の友達はみんな「女性用トイレを増やすように言ってね」と言う。「コンサートの途中で行きたくなるのが心配、そのときトイレが長い列だと心配、今のうちに行っておかなければと心配」なのだ。

そして終演後、ブロック毎に退場した。アナウンスにしたがい順番に出るまでに二〇分はかかった。新国立では八万人、「いったいどこから入れたり出したりするんでしょうねえ、あの巨大な鉄骨キールアーチをどうやって運んでくるんでしょうねえ、どこでどうやって組み立てるんでしょうねえ」。漫才の春日三球・照代のような疑問を抱えて、私はドームから家まで歩いた。不思議な年の暮れだった。

6　ホワイト・エレファント――使われない厄介者にしないために

明けて二〇一四年正月四日、私はJR京葉線に乗って葛西臨海公園に行った。ここに建設されるカヌー・スラローム競技場をめぐって、地元の自然愛好家や日本野鳥の会の人々が反対している。お互い交流しようということになった。

そもそもカヌー・スラロームは渓流でやるスポーツだ。ところが同一の条件の下に競技することが必要と、東京湾の海辺、富士山の見える都立公園の「汐風の広場」をつぶし、長さ四〇〇メートルの人工の常設競技施設を作るという。予算は二四億円。海水はそこにあるのに、真水でなくては駄目と、遠くの川からわざわざ真水を運んできて、九メートルの落差を一秒間に一三トン流し、人工的な渓流を作るということ自体、常軌を逸している。観客席常設一万二〇〇〇＋仮設二〇〇〇計画を押し戻し、すでに常設三〇〇〇＋仮設一万二〇〇〇にまで変更させたのは地元民の力である。

都は「オリンピック後も都民がカヌーやラフティングを楽しめるようにする」というが、競技人口が七〇〇〇人しかいない種目のうえ、人工の川でカヌーを楽しむ人がどれほどいるのだろうか？

いっぽう財務省主計局は、二〇二〇年オリンピックに関する「関係資料」(平成二十五年十月)を出している。そこでは「財政改革が緊要」であるので「既存施設の活用を図り」「簡素を旨とする」よう示唆している。これはファシリティ・マネジメント(FM＝開催後の施設の維持、改修まで視野に入れた運営計画)の必要性を訴えたまっとうな文書である。

いくつかの例が引かれている。長野オリンピックのボブスレー会場を「オリンピック後も市民が楽しめる」会場として計画したため、民間委託でいまも維持しているが、その利用者一人当たりの行政コストが一六万円かかっていること。ロンドン・オリンピックの総事業費は当初三〇〇〇億円であったが、結局四倍近い一兆一六〇〇億円にまで上方修正されたこと。成功したとされる大会でも、そのツケは大きい。一九七六年のモントリオール、八四年のロサンゼルスの例を引き、二〇二〇年東京オリンピックに向け警告している。しかしこの警告は、東京都にも文科省やJSCにも正しく聞かれた様子はない。

この日、案内してくださった「葛西東渚・鳥類園友の会」の下野稔さん、大野新さん、植草秀夫さんは言う。

「葛西のあたりは山本周五郎『さぶ』『青べか物語』などで知られる通り、のりひび養殖なども行なわれ、漁協もありました」。そういえば私も幼稚園の頃、このへんの遠浅の海で潮干狩りをしたような気がします。「きっとこのへんです。海を埋め立てて北に清新町などのニュータウン、倉庫街ができたんです。地下鉄東西線、JR京葉線が通ったので通勤に便利になり、都心につとめるサラリーマンには仕事で遅くなっても、仲間と飲んでも、タクシーで三〇〇〇円で帰ってこられる便利なところでした」「それで私も三〇年前にここにマンションを買ったのですが、リタイアしたあとは公園で自然観察、調査やゴミ拾いなど、活動して楽しんでいます」

「日本野鳥の会」東京支部幹事の飯田陳也さんとも出会った。葛西臨海公園はいつできたんですか？「東京都は一九八九年、それまで東京湾への廃棄物の投棄、埋め立てなどでさんざん自然を壊したことを反省し、葛西臨海公園（八〇万平方メートル）を作りました。担当者にしっかりした考えの都職員がいたということです。開園二五年経って自然がよみがえり、バード・サンクチュアリとなり、渡り鳥の中継地点ともなりました。絶滅危惧種クロツラヘラサギを含む野鳥二二六種のほかたくさんの昆虫や植物が存在します。それなのに猪瀬都知事は「ここにはたいした生物がいない」と言いました」

公園の南端、西と東の干潟はラムサール条約に登録する条件を満たしている。西の渚は生態系を乱さないため、普段は立ち入ることを許されていない。東の渚を歩いた。砂紋が美しい。双眼鏡を貸してもらいのぞくと、カイツブリ、カモ、ユリカモメなどがたくさん見える。スズガモがいっせいに飛び立った。海はきらきらと輝いている。

「千葉県側はこうした自然保護をしないで、干潟を埋めて東京ディズニーランドとホテルにしてしまいました」「江戸川区長も自然を壊すのには反対ですが、区内にはオリンピック競技種目を誘致したいという声もあります。われわれとしては駐車場になっている元水道局の敷地か、「海の森」

に場所を変更してほしいと思っています」と飯田さん。「海の森」は東京湾に浮かぶゴミの埋立地で、それこそ安藤忠雄さんらが呼びかけて植林をすすめているプロジェクトだ。片方では植樹を呼びかけ、神宮外苑では大量に樹を伐採しようとする、どっちが本音なのだろう。

下野さんたちとは別に、三十代の主婦、綿引静香さんがチェンジ・オーグを通じてすでにカヌ

上図矢印のところがカヌー・スラローム競技場予定地
下は著者撮影による

ー・スラローム場の計画見直しを求める約一万五〇〇〇人の署名を集めている（このキャンペーンは総計四万六〇〇〇人以上の署名を集め、終了した）。

一月十一日、岩波書店の木村理恵子さんと次に出す自著の打ち合わせをした。JSCが建てようとしている新国立競技場がいかに問題かを話すと、若い編集者は熱心に聞き、前年十一月二十五日の公開座談会を「岩波ブックレット」にまとめるよう、企画会議にかけてくれることになった。座談会の大要は最初に『住宅建築』に載る約束なので、その後ということになる。「その分、森さんの本が遅れてしまいますが、それでもいいでしょうか」。やむを得ない。この件については『住宅建築』編集長・小泉淳子さんに許可を得、あたたかい配慮をいただき、無事企画会議を通過した。『週刊金曜日』『建築ジャーナル』にも新国立競技場について原稿を書く。建設費、維持費、収益などどんどん数字が変わることについていけず、仲間の森桜にチェックしてもらう。

この頃、いっそのこと国立競技場の改修案のコンクールを「手わたす会」主催でやってしまおうかという話で盛り上がり、審査員や副賞を考えて楽しんだが、時間と手間を考えると断念せざるを得なかった。JSCを批判した以上は、それよりもちゃんとした募集要項をつくり、建設費だけでなく維持管理や収益性も考慮して選ぶのは、市民のボランティアでは難しい。

徳洲会からの借金問題による猪瀬都知事の辞任を受け、いよいよ都知事選がはじまる。会からは候補者全員に新国立競技場について公開質問状を送ることにする。

一月十三日、この間何年か「住宅生産振興財団」の「住まいのまちなみコンクール」の審査でご一緒した都市ジャーナリストの森野美徳さんが亡くなられた。思えば十二月の現地視察のときはまだお元気で、帰りに上野駅で「あのお、お茶でもいかがですか」と勇気を奮い起こしてお誘いし、新国立競技場をストップする方法を、元日本経済新聞の記者で、官僚や経済界に詳しい森野さんにアドバイスしていただいたのだった。「僕はオリンピックには賛成の立場です。でもあれはないよな。僕ら団塊の世代にとっては今の競技場は青春の証。改修でやれると思うよ。一九六四年に日本橋を高速道路で見えなくした愚をくり返すべきではない。森さん、くれぐれも政治にまきこまれるな。メディアは等距離で使え。あくまで市民として正論を言いつづけろ」。ひき続き、BPO（放送倫理・番組向上機構）の委員をともに務め、空気や土壌の汚染に悩む福島の放送局へ、ともに出張した元NHK科学記者の小出五郎さんが急逝。お二人とも最後の最後まで現役だった。正月早々、訃報が続き、つらい。

さて、今まで二ヶ月以上、インターネットに頼った賛同者集めをしてきた。しかしそれではネットを使わない人々を巻き込めない。デザイナーの上村千寿子が、さっそくカラーのチラシ制作にかかった。表面は清水襄さんの美しい今の競技場の写真、群青の空を背景に白抜きで、「さまざまな記憶のつまった私たちの国立競技場を改修して使い続けよう」の大きな文字だけにし、裏面には現行案の問題点を並べ、ファックスや郵送などで賛同署名を送れるようにした。

中沢新一さんから突然、共通の知り合いの編集者を通じてメールをいただいた。中沢さんは明治大学の野生の科学研究所長、槇文彦さんの最初の要望書の発起人である。「ネットの世界、建築の世界では問題の本質がえぐり出されてきたように思う。これをさらに外の世界にも波及させ、国民的運動にしていきましょう」という提案であった。

一月十四日、建築家会館で「手わたす会」主催第二回公開勉強会「みんなで学ぼう、新国立競技場のあり方」を行なった。この日も十一人の共同代表が駆けつけて、設営、資料づくり、パワポ操作、受付、誘導、二次会の準備までした。宴会部長は神楽坂「粋まち」代表の日置圭子である。今回も資料代込みで一〇〇〇円の参加費を頂き、カンパもあり、会場代や登壇者へのお車代(五〇〇〇円)をさしあげても、赤字にはならなかった。会計担当は綿密な多児貞子である。

今回の登壇者の鈴木知幸さんは二〇一六年東京オリンピック招致準備担当課長。それ以前、東京体育館の建設計画にかかわり、駒沢公園総合運動場の副所長でもあったスポーツ行政のプロである。まったく違う立場からと前置きして、目の覚めるような知見を披露してくださった。とりわけ「オリンピック憲章」とそれに基づいた「オリンピックムーブメンツ・アジェンダ21」(一九九九年)の存在を教えていただいたのは有益だった。

「二〇〇〇年のシドニー・オリンピックでは、環境を向上させるため二〇〇万本の植樹をし、二〇〇六年のトリノ冬季オリンピックは二酸化炭素収支をゼロにする「カーボンニュートラル」、二〇一二年のロンドン・オリンピックは「持続可能な大会」を打ち出した。「サステナビリティ」と

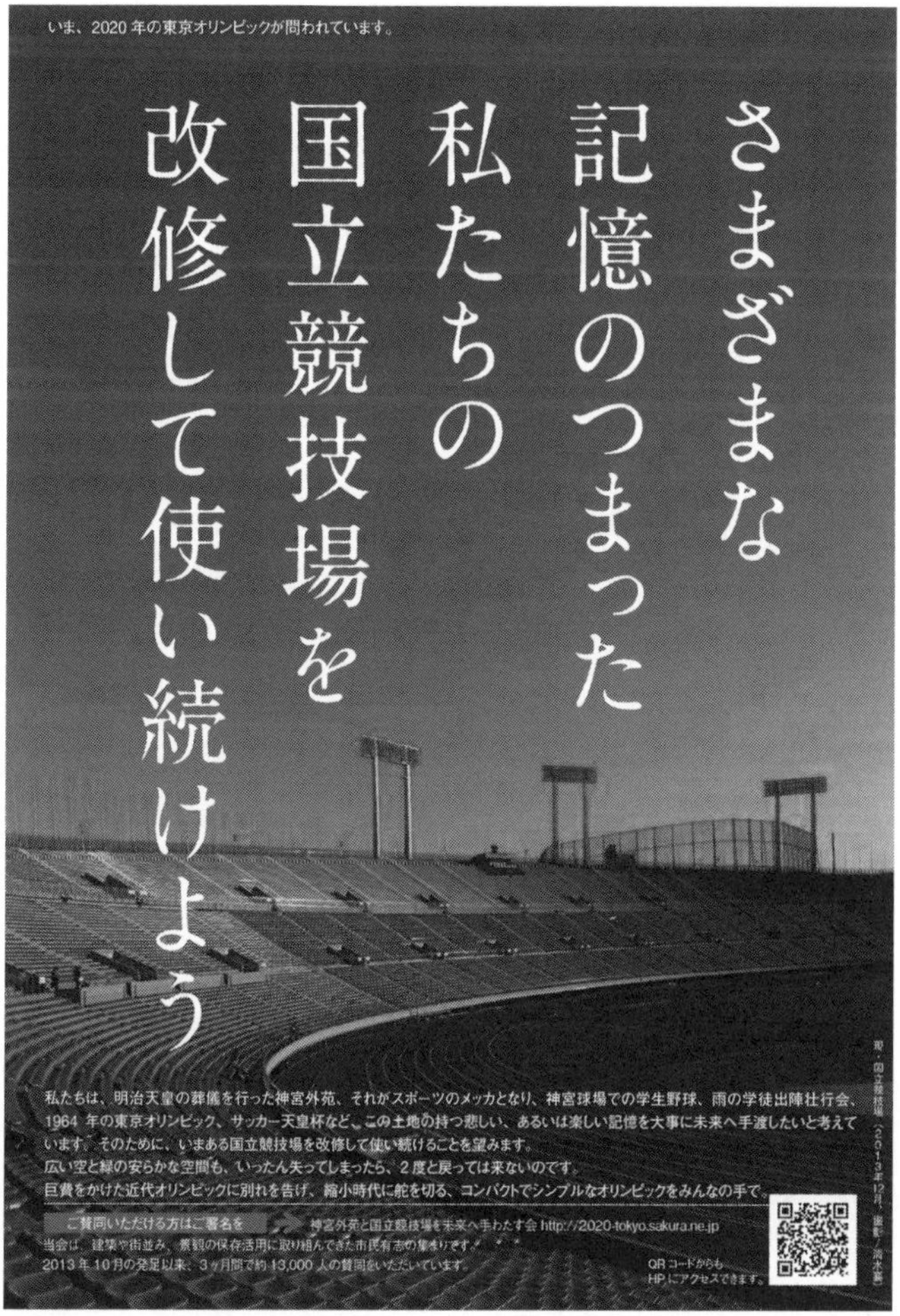
いま、2020年の東京オリンピックが問われています。
さまざまな
記憶のつまった
私たちの
国立競技場を
改修して使い続けよう
現・国立競技場（2013年12月、撮影／清水襄）
私たちは、明治天皇の葬儀を行った神宮外苑、それがスポーツのメッカとなり、神宮球場での学生野球、雨の学徒出陣壮行会、1964 年の東京オリンピック、サッカー天皇杯など、この土地の持つ悲しい、あるいは楽しい記憶を大事に未来へ手渡したいと考えています。そのために、いまある国立競技場を改修して使い続けることを望みます。
広い空と緑の安らかな空間も、いったん失ってしまったら、2度と戻っては来ないのです。
巨費をかけた近代オリンピックに別れを告げ、縮小時代に舵を切る、コンパクトでシンプルなオリンピックをみんなの手で。
ご賛同いただける方はご署名を
神宮外苑と国立競技場を未来へ手わたす会 http://2020-tokyo.sakura.ne.jp
当会は、建築や街並み、景観の保存活用に取り組んできた市民有志の集まりです。
2013 年 10 月の発足以来、3ヶ月間で約 13,000 人の賛同をいただいています。
QR コードからも
HP にアクセスできます。

「手わたす会」の賛同署名用のチラシ（表）　写真 清水襄　デザイン 上村千寿子

いう言葉がＩＯＣは大好きなんですよね」

また長らく施設計画や管理に携わった経験から、①陸上競技の国際大会にはウォーミングアップ用のサブトラックが必要。それをつくるのにもタイムなどの計測のために地下に電気系統を張り巡らせ数億かかる。今回どこにつくるのか？　もし仮設だとしたら国際大会のたびにつくりなおすことになる。②サッカー用天然芝の管理は難しく、サッカー場にするならそれ以外の多目的利用は制限される。③こうした施設の建設費は予算どおりいったことはない。たいてい二〜三倍はかかる。④収支計画にある年間四八日の利用は芝の管理の観点からまったく無理。⑤日本陸連はお金がなく、今の国立の使用料でも借りるのは大変。残念ながら陸上ではサッカーのような観客動員も見込めない。新国立にまともな使用料を払ったら組織が保たないでしょう、ということだった。

収支比率は日産スタジアムで五八パーセント、東京体育館の六〇パーセントなどは優良なほうで、地方へ行くと二〇—三〇パーセントが普通。赤字は市民の税負担になる。建築家の考える曲線や高いところにある窓は、掃除を初め施設管理からみると本当に困りものだという。

それでも東京でオリンピックをする最後のチャンス、という鈴木さんは、オリンピックそのものはやりたい、子どもに夢を与えたいという。あまりにずさんな施設計画と建設費で国民のあいだに批判が広がり、人心がオリンピック反対にまわらないかが心配だという。高度経済成長期にできた施設やインフラが老朽化を迎える時期でもある。オリンピック準備と東北復興との相互調整はどこがやるのか、両方を合わせた工程表を作成すべきだとも発言した。

つづいて、日本ファシリティ・マネジメント協会顧問の沖塩荘一郎さん（東京理科大学名誉教授）から、「後世に負の遺産とならぬものを」と発表があった。建設費だけを考えてはいけない。建物には維持費がかかる。建てる前から、LCC（ライフサイクルコスト）といって、その施設が建設されてから壊されるまでの総経費を考えなくてはならない。それが考えられていないようだ。設備管理、清掃、警備、水光熱費、保険などを入れると、LCCは初期投資のおよそ四倍かかる。現在JSCが試算する収入四五億円、支出四一億円というのはたいへん甘い見通しで、二〇年後こんな収入が得られるとは思えない。たぶん、新国立競技場のLCCは今の建設予算一六二五億円を基礎に考えても、竣工後五〇年で六八〇〇億、JSCは一〇〇年使うと言っているが、その場合一兆一九〇〇億にのぼるだろう。のけぞるような数字だった。

このほか建築家の山本想太郎さんから、コンペの新しい運営のしかたについても報告があった（山本さんの報告は『異議あり！　新国立競技場』（岩波ブックレット）に収録）。

一月の建築家会館は冷える。暖房が効かないので、ホカロンをみんなに配った。帰りに沖塩さんを本駒込のご自宅までタクシーでお送りしたが、槇文彦さんと大学の同期だという。一九二八（昭和三）年生まれ、お二人とも穏やかでさわやかなご様子だが、なんともパワフルで、気骨がある。威張らず気さくでもあって、心から尊敬できる。

都知事候補の宇都宮健児さんから、新国立競技場計画地の現地視察の案内を頼まれた。実情は知っていただきたいが、当会はあくまで中立の立場なので、選挙に協力できないことを条件に引き受ける。民主党議員の有田芳生さんからも参院予算委員会で質問したいので、と資料提供の依頼があった。彼が統一教会やオウム真理教などを追及していたジャーナリスト時代、何度か飲んだりカラオケをしたりしたが、いま、こういうことで協働するとは思わなかった。

一月十八日より東北。初めて岩手の釜石と宮古から招かれ、「釜石てっぱんマップ」の制作、三陸ジモト大学の立ち上げのお手伝いに行った。あちこちで「オリンピックのせいで資材・人材が東京に集中し東北に回ってこない」「補助金はついたが、復興住宅も仮設の小学校も、建設工事が入札不調になることが多い」といった話を聞かされた。鵜住居《うのすまい》小中学校なども、まだプレハブの仮設であった。現地ではこうした民生関連の事業が進まないまま、土地買収や権利調整の手間が少ない防潮堤や道路の工事ばかり進んでいく。鵜住居では新日鉄釜石時代の「ラグビー日本選手権、奇跡の七連覇」の記憶を忘れず、被災地で「ラグビーワールドカップの予選を」という運動が立ち上がっていた。「波がさらった跡地ですから、ここに一億か二億あればラグビー場はできますよ」と元気いっぱいな青年たちに、とんでもなく巨額の新国立競技場の話をするのは気が引けた。

このとき、津波の話も衝撃的だったが、江戸の頃、内陸と海を結ぶ道を開いた曹洞宗の鞭牛《べんぎゅう》和尚という人を知った。人々の不便を見捨てておけず、自らノミをふるい、最初は変人と思われたが、手伝う人が続出し、人々に慕われた。こういう気骨のある人をこそ、本物の建築家、土木専門家というのではないか。

そして南部藩の苛斂誅求《かれんちゅうきゅう》を批判し、「困る」という小さな丸を描いた旗を押し立て、仙台藩に越訴《おっそ》におよんだ三閉伊《さんへい》一揆衆の話に感銘を受ける。一万六〇〇〇人で四九ヶ条の条件を突きつけ、素手で南部藩に三九ヶ条を飲ませた一揆の主導者、三浦命助の顕彰碑も見た。こういう事実を知ると元気が出る。真似してやってみたいナ。「国立競技場を勝手に建て直されては迷惑至極に存じ候」。小さい丸、「困る」の旗を立てて。

7 移転させられる人たち

一番気になっている問題、都営霞ヶ丘アパートの住民立ち退き問題を紹介したい。神宮外苑と国立競技場をふくむ一帯は霞ヶ丘町といい、国立競技場も正式には国立霞ヶ丘陸上競技場という。都営霞ヶ丘アパートだけで一町会をなしている。

二〇一一年二月十五日、ラグビーワールドカップ2019日本大会成功議員連盟は「国立霞ヶ丘競技場の八万人規模ナショナルスタジアムへの再整備などに向けて」という決議をあげた。私がJSCに聞くと、いつも「国会で決議したことですから」を建て替えの根拠にしているが、これは両院の議員全体で決議したわけでもないので、法的な拘束力はない。

競技場をつくる敷地を広げるため、隣接する日本青年館は移転。都の明治公園がつぶされ、玉突きで都営霞ヶ丘アパートが代替公園地になる。このことは二〇一二年三月、先の決議を受けて二〇一二年一月に設置されたJSCの第一回有識者会議で、住民に何の相談もなく決められた。追って夏、都は「国立競技場の建て替えに伴う移転について」というチラシを都営アパート内に配布した。

「このほど、国は、ラグビーワールドカップの開催に向けて、国立競技場を広げて建替えを行うことを決定しました。その計画地に、皆様がお住まいの霞ヶ丘アパートが含まれており、移転していただかなければならないことになりました。……居住者の皆様に置かれましては、ご理解を賜りますよう、よろしくお願い致します」。東京都都市整備局都営住宅経営部木村・高野という名前による、日付のない一枚の紙である。居住者は驚いた。

明治公園は、デモの集合場所として歴史があり、日本の民主主義を象徴する場所である。最近二〇一四年七月二十一日にも、イスラエル軍によるガザ空爆追悼集会が行なわれた。しかしその公園をつぶし、代替地に、いま人が住んでいる都営アパートの敷地を住民との事前協議なしにあてるというのはどう見ても乱暴だ。その中には一九五八年の今の国立競技場建設の際、移転させられ、老境になって再度の移転を強いられる人もいる。

二〇一三年十月に建て替え見直しの運動を始めてから何度も霞ヶ丘アパートの脇を通った。一方的に廃止が決まった都営アパートはメンテナンスもされず、たしかに傷んでいる。冬のことで人気《ひとけ》もなく寒そうに見えた。かつて同潤会アパートの取り壊しにいくつも立ち会ってきた身としては、住民の警戒の強そうなこのアパートに手引きとなる人もなく、あるいは興味本位で敷地に立ち入ることは差し控えた。

気になりながらようやく訪ねたのは、二〇一四年五月九日である。オリンピックによる野宿者や弱者の排除に反対している「反五輪の会」の小川てつオさん、宮地香奈さんが案内してくれた。茨城大学准教授の稲葉奈々子さんも一緒だ。もう春が過ぎて、敷地には花が咲き乱れ、畑までつくられている。「外苑マーケット」なる昔ながらの商店街が一角にある。今では八百屋さんとタバコ屋さん二軒くらいしか開いていない。マスコミで顔も名前も出して発言しているタバコ屋の甚野公平さんのお店に行く。

「もうずっと、ここで商売しているからね。戦前からいるんです。戦争で焼けたあとはいまの明治公園のあるあたりにバラックを建てて住んでいました。六四年に補助二四号線を付けるので道に面したうちの店が立ち退きになり、いったん外に家を買って出るはずが、手付けを打った土地の人が立ち退いてくれないので、ここに入りました。男九人兄弟でね、オールジンノーズって野球のチームを作った。オヤジが実業団でやってたんですよ」と言って、その頃の写真を見せてくれた。

「最多時は三〇〇世帯はいたが、今はここにいるのは一七〇世帯くらいかな。その中でも病院にいる人や施設に移った人もいるから、一四〇くらいかもしれない。移転した人で行った先に馴染めなくて、すぐ亡くなった人もいる。越した人も今でも来たり、電話してくれたりしますよ。僕は四谷第六小学校の卒業。子どもの頃はこのへんは原っぱばかりでね。その中で遊んだんだ。渋谷川も流れていてね。コイやハヤもいました。戦後はザリガニを取って食べたよ。蛍もいたし、オニヤンマを追っかけたりした。自然が豊かで子どもには天国でした。六四年の東京オリンピックの頃は沸いたね。たくさん人が来たからね。僕らは小銭が落ちてないか、一円玉を探したよ。いま国が一〇〇〇兆円も赤字があるというんでしょ。それなのにばかでかい競技場を造ってどうするんだろう。八万人もいらねえよ。少なくとも屋根はいらない。もっと小さくして維持費がかからないようにしてもらいたいもんだよ」

何度もみんなに話しているだろうに、「またお話を聞かせてくださいますか」と言うと、いいですよ、と言って携帯番号を教えてくれた。同じ商店街の八百屋さんが町会長だというので、挨拶しようと行ったがお留守だった。

ほかにも何人かの住民に話を聞いた。「いま町会を通じて移転交渉をしているので、勝手に外の人に話さないでくれと言われている」とかなり気にされているようだった。Hさんは言う。

「霞ヶ丘アパートはオリンピックの頃に建ったわけだから、もう五〇年も経っている。それで建て替えの話が進んでいたんです。それが団地そのものをなくすから出て行けというんでしょう。住んでる人たちはびっくりしています。でもみんな年ですからどうしていいかわからない。いろんな憶測は飛ぶし、言いたいことも言えないので、たまっているものも多く、暗い気持ちになっちゃう。最初は共産党の議員が来て、計画そのものに反対してくれていたんですが、最近は別の党の議員が入ってきて、町会は移転反対でなく良い移転条件を勝ち取るというほうにいっています」

そもそもここはどうして出来たのでしょうか？　テレビにも登場していた柴崎俊子さん。

「私がここに来たのは昭和二十六年です。夫が都の住宅局に勤めており、ここに新しい木造のアパートを建てたので管理人として夫婦で入ってほしいと。もともと青山練兵場だったところだから、東部第四連隊の兵舎、医務室、馬小屋なんかが焼け残っていた。空襲で罹災した人や引揚者たちがそこに入り込んで間仕切りをして住んでいました。戦争が終わって用なしになった建物ですから。それとは別に木造のアパートが昭和二十二年に建った。その管理をするのにイチョウの木のそばの一戸建てに入りました。さらに東京オリンピックの前の昭和三十八年に、それらを壊していまの五階建ての霞ヶ丘アパートを建てた。払い下げを主張する木造アパートの住人たちを、主人が苦労してなだめて建てたので、今主人が生きていたら何と言うかと思います。その頃はアパートってものがどういうものか知らなくて、みんな戸建てがいいと反対したの」

ご自身はどこでお育ちになったのですか？

「私は深川育ちで満州からの引揚者です。父は満鉄に勤めていたんですが、関東軍はみんな物資を持って先に逃げちゃった。向こうでも竹槍訓練があって、女はもんぺをはいて、男はゲートル巻いていましたが、空襲はなかった。でも戦争に負けてから立場が逆転したんです。中国人たちが残っていた砂糖や米を略奪したので、私たちは無政府状態の中で米なんか食べられず、コーリャンを食べてました。ボーナスはおろか給料は出ないし、社内貯金もパー。父は奥地に持っていかれて不在、残りの家族で三ヶ月歩いて、大連から船に乗って、昭和二十二年の三月に日本に帰って来たわけなんです。

結婚してここに越して来た頃は、そう不便じゃなかった。今の青年館の並びに乾物屋、うどん屋、石屋、ビクター本社。ラーメンのホープ軒の後ろにも床屋、蕎麦屋、八百屋、お菓子屋、いろいろありましたよ。神宮二丁目は原宿商店街といってました。坂を上ったところにお肉屋さんもあった。今は店がなくなってバスに乗らないと買物ができないので、生協の宅配を取ってます」

Hさんの話。「私はその昭和二十二年築の木造長屋にはいったんです。父は官庁に勤めており、来たときは昼なお暗い狸やきつねの住処《すみか》みたいなところでした。百軒ほどあって、水道は共有、ガスはなしでした。東京オリンピックがなければ払い下げを受けて、自分の家が建つはずだったのですが。

ビクターの先のところも住宅があり、コカコーラの社屋もあったし、全日空の美土路《みとろ》社長の大きな邸もあった。競技場に沿った今の四季の庭には渋谷川が流れていた。オリンピックで一変しましたが。外苑西通りは当時は「オリンピック・サービス道路」と言ってたんですよね、誰に対するサービスかわかんないけど」

宇井靖子さんの話。「私は昭和十三年の大連生まれです。終戦のときに小学校二年生でした。父は戦死。私が長女で母は二十九歳、三人の子どもを連れて日本に帰ったのですが、母の実家に帰っても食えるわけじゃない。猫の額ほどの財産もないので、母は代用教員をしながら子どもを育てました。主人の父親とその姉が教員でここにあった兵舎にいました。交通網もないので、教員は優先的に兵舎に入れてもらったらしい。かまぼこ屋根で、窓もなくて真っ暗でした。つっかい棒で木製の窓を開けるような。穴が開くと紙を張って。私も教員となり、主人と結婚した当時は別の三畳一間のアパートにいたんですが、昭和三十七年くらいですかね。主人の父の世話もあるので、今度は私たちがその兵舎にはいった。

そこから、オリンピックの前にいまの四階五階建て都営アパートができて越したわけですが、共働きだから収入超過になることもありました。でもここでないと子育てをしながら共働きで働き続けられない、というと住宅局はまあ認めてくれたんです。だから収入に応じた家賃はちゃんと払いました。退職してからはまた収入は少なくなって、ここにいられる程度です」

一般に、都営アパートは収入の少ない人が住むというイメージと違い、伺ってみると霞ヶ丘アパートには戦争罹災者、引揚者が元となり、公務員関係者が多いのが意外だった。しかも、国立競技場をつくるため、もとから住んでいる人にお願いして、後からできた都営住宅に住み替えてもらったのだ。

「ここもいっぺんに建ったわけじゃなくて、だんだんに出来たのよね。ぼろぼろの兵舎や木造長屋を、オリンピックで東京に来る外国人に見せたくないので、まずそれを隠すように囲むように五階建てのアパートを建てた。最初に建ったのは二号棟じゃなかったかしら。兵舎の方も木造長屋の方もみんな入れました。明治公園ももとは住宅地で、そこを立ち退かされた方も入りましたね。十棟そろったのはオリンピックのあとの一九六七年。その頃はわれわれ、都営住宅のことを「文化アパート」と呼んでました」

ここでみなさん、もう五〇年、一緒に暮らしてこられたんですね。

「前はおかずを届けあうようないい関係だったのですが、高齢化して。だんだん人が少なくなって、こんな問題が起こって。それでも「病院についていって」と言えば行ってくれる友達もいまだにいるし、愛着はありますね」

都立の明治公園や都のアパートを、どうやって国立競技場の敷地に組み入れたのでしょう?

「石原慎太郎知事が会議に出て、「都心の一等地にあんな汚い都営アパートなんかなくていいから、オリンピックのためならつぶして結構だ」と言ったというのよ」

「それは噂でしょ。でもこんな紙一枚で出て行けというのはひどい。都は「できるだけ住民をまとめて移転をさせます」というけど、このできるだけ、というのが引っかかる。できない場合もあると言うことよ」

「誰も正確な居住者数は把握していないんです。JSCも一回説明会をしただけ。都はできるだけ丁寧に対応したいと言ったのに、丁寧さは伝わってきません。学童のいる家庭が子どもの受験もあるので早くどうにかしてほしいと言い出し、平成二十四年の十一月くらいから移転申請をして四〇世帯くらいは新宿の百人町の都営アパートなどに移転しました。あそこはわりと新しいアパートです。この前まで福島からの避難者の方がいましたが」

「私のお友達が百人町を見に行ったらね、都の職員が空いている部屋をいくつも見せて、「どこでも好きなところに入っていい」と言ったんだって。「広いところを取ったらいいでしょう」と言われたけど、家賃のこともあるし、夫婦二人だけだから見晴らしのいい方がいいと、最上階の小さな部屋にしたそうです」

「家賃はそりゃあ、今より高くなる。六年間は据え置きだけど、そのあとスライド式で高くなるんです。引っ越し費用に一七万出るそうですが、タンスもなにも置いていっちゃいけないんだと。みんな自分で片付けろと。それを一人暮らしの年寄りにやれというのかしら」

「残りの人は神宮前と若松町に、今建て替え中の都営アパートに入れるというのだけど、それも元の居住者が優先で戻ってきて、空きがあったら霞ヶ丘住民は入れます、とのことです。入れるかどうかもわからない。そうすると今のうちに百人町に入った方が得かな、と思ってしまう。こうして切り崩しが始まるんです」

「だいたい、一人暮らしだから1DKでいいだろうというのも困るわ。今ある荷物は相当処分しなければならないし、マッサージやリハビリの人が来たら狭いだろうし、息子が泊まりに来たら台所に蒲団を敷いて寝かせろというの？」

「ひとりひとり歴史も家族構成もちがうわけで。町会を通じて交渉せよと言われても、なんだか伝言ゲームのようでいらいらします。町会と都は二ヶ月に一回は会議をしているらしいのですが、どういうことなのか伝わってこない。そう言うと町会長さんは「自分で好きなように都と掛け合っていいですよ」と言ったの。でもみんなお年寄りだから、あの都庁の大きなビルに一人でなんて、行けないのよね」

聞けば聞くほど、ひどい話だ。人間には居住権というものがある。

日本国憲法「第二十二条　何人も、公共の福祉に反しない限り、居住、移転及び職業選択の自由

空から見た都営霞ヶ丘アパート。右下は外苑ハイツ（1964年オリンピックのさいの外国人記者用アパート）。アパートの左上が明治公園、その右が日本青年館、さらにその上が国立競技場

を有する。何人も、外国に移住し、又は国籍を離脱する自由を侵されない」

賃貸居住者であっても、何も相談されず、一枚の紙切れで住居を追われる筋合いはない。

「こんな都心に都営住宅があるなんて、と言われるけど私たち応募して入ったわけじゃない。罹災したり、引揚げたりしてここに住んだときはこの辺はまだ一等地ではなかった。オリンピックで競技場を作るからと頼まれてこのアパートに入り、そこでみんなで苦労して生活して今日がある。今の国立競技場より私たちの方が先住者なのよ」「晩年になって家を移らされることの無理をわかってほしい。ドアの位置も窓の向きも違う家で暮らすのは高齢者にとって相当のストレスなんです」

なかには通りすがりの人に税金泥棒などと言われることもあるという。新宿区だけで都営アパートは二〇もあるのだから、ここだけがそのようなことを言われるのもおかしい。都心には富裕層しか住めないのであれば、どんなにいやな、偏った街が出来るだろうか。

一九六四年の東京オリンピック、それは日本が戦後復興、都市再開発のエンジンとして使ったこととはいえ、かなり無理な移転や排除が行なわれた。前にも述べたが、私の住む文京区では、後楽園の入口近くにあった戦後バラックが一掃されたと子ども心に記憶している。寺社の門前にいた白い服の傷痍軍人がオリンピック前に排除されたことは、大島渚監督のドキュメンタリー映画「忘れられた皇軍」にも映し出されている。

それはいわゆる社会的弱者だけにかぎらない。資生堂名誉会長の福原義春さんは目黒自然教育園に隣接する自宅が高速道路計画に引っかかった一件を、「あれは悪夢みたいな出来事だ」と回想している。父をなくし、結婚したての忙しい盛り。そこへ突然、首都高速道路公団が現れ、移転費用は持つから更地にしてほしい、と言い出す。さっそく反対同盟が出来、日本刀を振り回す住民もいたが、結局、福原さんは日曜ごとに計七、八〇ヶ所の土地を探し、湘南に移った始末記を書かれている。東京銀座資生堂のオーナー経営者だった福原さんは、銀座の三十間堀川がオリンピックを機に埋め立てられたことにも、慚愧の念を持っているという。

「ところが今になって、何と大切な水辺の景色をなくしてしまった、どこの都市でもウォーターフロントの景色が必要だとみんな気がついた。特に日本橋の道標が高速道路の下になってしまったのはみっともないと騒ぎ始めるようになった。何事でも安直に間に合わせをすると後でつけがまわるという好例のひとつになった」（「経営と読書」日経ビジネスオンライン）

最後の一文はまさに、新国立競技場計画のことのようでもある。この話を環境アセスメントの第一人者、原科幸彦さんにすると、「私の東工大の同僚だった文芸評論家の江藤淳先生も、オリンピックで青山の家を追い立てられた話をよくしておられました」とのことである。たくさんの人々の暮らしを犠牲にして政治家とアスリートが主役のオリンピックは行なわれる。

ＪＳＣの平成二十四（二〇一二）年十一月二十七日の第一回住民説明会の配布資料。住民が「いいわよ、いいわよ、持っていきなさいよ」と貸してくれた。読んでみると何の配慮もないものである。すでに決まったことを住民に上から「説明」するだけで、相談や協議をする気はまったくないらしい。日本は民主主義国家というが、これでは「聞かない民主主義」だ。質疑応答の時間もあったが、短い時間で一方的に打ち切られたという。その借りた資料にはれいれいしくも「人と環境にやさしいスタジアム」と書いてあった。配った側は無神経だし、読んだ住民の気持ち、察するにあまりある。

8　語り出したスポーツ関係者

よく、アスリートファーストとＩＯＣは言う。ＪＯＣも言う。しかしどんな競技場をアスリート（スポーツ選手）が求めているのかはまったく伝わってこない。選手は日本サッカー連盟、日本ラグビーフットボール協会、日本陸上連盟などのスポーツ団体にまとめられ、厳然とした上位下達のヒエラルキー的組織の中にいるからだ。各団体のトップは代表して意見を言うだろう、選手はもちろん練習に一生懸命で、意見を言う余裕はないのだろう。

こうした開かれないスポーツ団体は、過去に体罰やセクハラ、助成金流用などの不祥事を数々起こし、そのたびに第三者委員会がつくられたりした。それぞれの団体には選手育成、強化の目的でＪＳＣからお金が分配されている。「彼らは鵜飼の鵜みたいなものですからね。個々の選手がＪＳＣに対して声を上げることはまずできない」とスポーツ関係者は言う。

二〇一四年一月二十四日、市川房枝記念婦選会館に招かれ、新国立競技場計画について話した。

聴衆は各地で活躍されてきた女性議員や市民運動家で、ベレー帽をかぶった方が目立った。国立市の上原公子元国立市長や元日経新聞記者の藤原房子さんも見え、みなさん、「こんなひどい計画とは知らなかった」と言ってその場で賛同署名してくださった。チェンジ・オーグでの賛同者は一万四〇〇〇名を超えた。おなじ頃、私たち「手わたす会」は都知事選候補者への公開質問状の回答をホームページで公表した。田母神、舛添両候補からは期日を過ぎても回答はなかった。

私たちは二月十八日の第三回公開勉強会の人選を始めた。新国立競技場を文化イベントにも使うとのことなので、音楽興行関係者を迎えたかったが、あれこれ伝手を探して頼んでも、勘弁してくれと承諾を得られなかった。日本音楽著作権協会会長で作曲家の都倉俊一氏が有識者会議の委員で、作詞家でプロデューサーの秋元康氏が安倍首相との関係も深く、オリパラ組織委員会の理事を務めると噂されていた。この業界も有力者ににらまれたら生き延びるのが難しいのかもしれない。

二月三日。ようやく間に立ってくれる人があり、文科省のスポーツ・青少年企画課長白間竜一郎さんとJSCの山崎雅男本部長に会うことができた。しかもお二人とも二〇一三年の八、九月からの担当で、「その前のことはわかりません」と言い、いかに競技場の縮小に努力しているかを強調するのみ。この時点で建設費、解体費、周辺整備費で一六九二億円、その他埋蔵調査費一四億円、設計監理九一億円、JSCビル移転に一七四億円、合計一九七一億円というのが事業費であった。このとき十二月二十四日付の第一回公開質問状への回答も受け取ったが、答えになっていないものも多かった。

カタールで行なわれる二〇二二年サッカー・ワールドカップでは、石油による経済力をバックに奇抜で豪華な競技場を目白押しで建設中だという。一つはザハ・ハディドの設計で、現地では同じく開閉式屋根が楕円形に開き、まわりの曲線が膨らんだ姿を「女性器のよう」と揶揄されている。

二月四日。槇文彦さんは外国人特派員協会で英語でスピーチされた。「IWJ」のネット中継で見たところ、この日の槇さんは悲しそうだった。「もう引き返せるポイントを超えてしまった」「誰も勝者はいない。まったくフルートレス（実りがない）だ。しかしこれからもこのようなプロセスを繰り返す愚はやめたい。こんなモンスター、ダイナザウルスをつくって維持費、改修費などが少子化の日本にのしかかる。審査委員会はザハ案は日本を元気づけると評したが、私にはそう見えない。建築とはアリナミンではない」「希望はソーシャルメディアの力が大きいこと。市民でこの計画に反対している人もいるということだ」

しかし記者の質問は低調だった。右より新聞の記者が「われわれは明治天皇の聖蹟を守ろうというあなたに賛成だ」と言ったのを初めとして、ほぼ的外れな気がした。このときはまだ、槇さんが見据えている建設後の風景を、ジャーナリストたちは見ることができないでいた。

二月五日。民主党の有田芳生議員が参議院予算委員会で、新国立競技場問題を取り上げた。半分はＮＨＫの籾井会長発言批判に質問時間を食われたが、短い時間でよくあそこまで突っ込んだものだ。文科省・久保公人局長の答弁は、ザハ事務所への監修費を三億とするなど間違いがあり、あいまいな答弁もあった。「工費がふくらむ理由は開閉式屋根、可動席、映像設備、空調設備、地下駐車場」という回答には、「こういう電機仕掛けはやめればいい」と思ったし、「コンクールで決めたのは設計でなくデザイン」という回答には「本末転倒」というしかなかった。

いっぽう、葛西臨海公園のカヌー・スラローム競技場については、安倍首相の「日本野鳥の会の皆さんも反対されているとなると、よく考えたい」という答弁を引き出した。

二月六日。鈴木博之さんの訃報に接する。無念。昨年十一月二十六日にお会いしたばかりだったのに。建築史家としてはヴィクトリア朝の建築の研究を初めとして『建築の七つの力』『東京の地霊《ゲニウス・ロキ》』など緊張感のあるすばらしい文章の書き手だった。二〇一三年、明治村の館長に就任、現地でのシンポジウムに呼んでいただき、打ち上げの後、カラオケをしたのを思い出す。楽しそうに中島みゆきを歌っておられた。

東京駅でも日本工業倶楽部でも東京中央郵便局でも、鈴木さんは長らく保存活用運動の同志だったのに、なんで「向こう側」に行っちゃったのか。一昨日の槇さんの悲しげな様子は、六十代で亡くなった鈴木さんの訃報をご存知だったからかもしれない。鈴木さんが最期に書かれた「それでも、日本人は「五輪」を選んだ」（『建築ジャーナル』二〇一四年一月号）をもう一度読んだ。応募要項から巨大さを不可避としながらも、「視認性が高いザハ案は、ほかの案に比べて構成原理が理解しやすく、それゆえに景観のなかに落ちついてゆきやすいであろうかと思われる」という表現に、鈴木さんの苦衷が見てとれた。八万人が絶対条件ではない、ということを知らされていなかったのか。

槇さんは「これほどテレビやネットの発達した時代に、一ヶ所に八万人の観衆を集める必要がどこにあるのか、家を涼しくしてビールでも飲みながら観戦した方が快適だし、全国各地にテントをはってパブリックビューイングを設ければいいじゃないか」とどこかで書いていらした。本当にその方が楽しそう。

ザルツブルクに夏の音楽祭シーズンに行ったことがある。もちろん歌劇場のチケットは売り切れ、着飾った紳士淑女が劇場前で社交に夢中で、通りすがりの旅行者の私でもちょっと階級的反感を感じた。ところがいざ始まると、夜は仕事のすんだ労働者たちもおめかしして広場に現れ、パブリックビューイングの大画面を見るのである。もちろん私も見た。『真夏の夜の夢』なんてオールヌードに近い。劇場で見るよりばっちり見える。これだから文句が出ないんだろう。

二月七日。きょうは日経新聞の井上亮記者が、彼の連載記事で取り上げる「青軺と平塚らいてう」についてインタビューに見えた。『天皇と葬儀』（新潮選書）の著者でもある井上さんと、新国立競技場問題で盛り上がってしまった。インタビューに見える方に逆取材するのは、私の得意技だ。井上さんの「一九六四年のオリンピックの工事が間に合わなくて、ハンセン病療養所の患者さんたちまで現場の労働に使われたのを知っていますか」にびっくり。へえ、そこまでは知らなかった。

二月九日。都知事選。開票直後二〇時少し過ぎに自民・公明が推す舛添要一氏に当確が出る。舛添さんを自民党はいちど党から除名したはずなのに、勝つためには何でもやるこの節操のなさ。終盤になって、元首相の細川護熙氏が脱原発候補としてかつがれ、票が割れてしまった。それより元自衛隊空将、「日本の侵略戦争説」を否定する田母神候補が六〇万票も取ったことがショック。

二月十三日。私は改修で高名なある建築家に会いにいった。のっけから「運動を始めるのが遅い」と一喝された。「せめてコンクールをやることが決まったとき、せめてザハが最優秀賞を取った直後とかになぜ始めなかったの？」

すみません。気がつくのが遅くて。全然知らなかったんです。ザハに一パーセント、JVの設計料と足すと九〇億近いそうです。「それは高すぎるね。あの規模の設計料なら七パーセントでなく四パーセントがいいところだ」。キャンセルした場合は違約金とか払うのでしょうか？「そんなこと、建築家にとっては日常茶飯事だ。そもそも予算オーバーなんだし、なんてことないでしょ」。本当に改修でいけるのでしょうか？「もちろんいくらでも出来ますよ。磯崎さんでも安藤さんでも改修を手がけている」。では先生にすてきな改修案をお願いできないでしょうか？　ここで沈黙が長かった。

「いったん国家がやると決めたものをやめるときは、よほど大義がないとね。改修プランを示す大義があるのは槇さんでしょう。最初に異議を唱えた方だから。槇先生がお弟子を使ってやるのが一番です」。返す言葉がない。最初は機嫌が良かったこの方も、最後は「忙しいから早く帰ってほしい」という感じになった。安藤さんとの関係を考えるとこの話には関わらない方がいいと、この方が途中から思い出したことが手に取るように感じられた。最後には「何十人も所員を養うのって大変なんですよ。わかってください」とも言われた。私はへこたれて、すごすごと帰ってきた。

「東北が復興している様子を世界に発信し、東北を励ます」「世界一エコで安上がりなオリンピックを」。大義名分とかけ声はいいが、とうていそうはならない。結局、オリンピックを錦の御旗にして、じゃぶじゃぶ金がついてくる。リベートやキックバックもあるだろう。日本は既成事実に弱い国だ。なんでも「オリンピックまでに」建て替え、改修ということになって、首都高の改修も六三〇〇億円以上必要という。ほかにも羽田―成田直結線、外環道、圏央道の前倒し整備などが目白押し。オリンピックの経済効果は三兆円などという数字が喧伝される。

都は「オリンピックまでに」東京の木造住宅密集地域不燃化を言い出し、谷中も根津も計画に入っている。そうするとせっかく木造民家の残る町並みや路地を守ってきたのに、鉄骨やサイディングの建物に変わることになる。それとも闘わなければならない。だいたい東京には外国人観光客にとって魅力的な見学地はあまりない。日韓サッカーワールドカップ（二〇〇二）のとき、カード会社に頼まれて、VIPを谷根千に案内したことがある。諏方神社でお祓い、路地や長屋の家の見学、お茶会、谷中銀座で豆腐作りを見てコロッケの試食、最後は日本旅館で中華料理というコースを工夫し、たいへん人気があった。谷根千の町並を不燃化で壊して「おもてなし」なんかできるか、冗談じゃないという気になる。

それにしても絵描きとは違って、建築家はお施主さんを持たなくては腕のふるいようがない。大きな公共建築を取ろうとすれば政府や役人に逆らえないし、コンクール審査委員にも覚えがよくないといけないし、政治家との癒着も強くなりがちだ。プリツカー賞を取った槇さん、伊東さん、ザハ・ハディドさんなど著名な建築家はほんのひとつまみで、日本だけで二四万人もいるという一級建築士はどんな仕事をしているのだろう。妹島和世さん（SANNA）と組んでコンクールに応募した日建設計は今、ひるがえってザハ案の基本設計をしている。これを節操がないと見るか、利潤追求のためにやむなしと見るか。どちらにしても、ザハの難易度の高いデザインを形にするため、きっと徹夜でたくさんの設計士が働いているのであろう。

私は自分より五つほど年上のこの女性建築家には興味がある。筑摩書房の編集者が『ザハ・ハディッドは語る』を送ってくれた。ハンス・ウルリッヒ・オブリストとの対談本で、のっけからフレキシビリティ、スーパーインポーズ、レイヤー、コラボレーター、インタラクション、トポグラフィ、ランドスケープ、タイポロジー……なんだかカタカナだらけで、これ翻訳になっているの？と思うが、きっと日本語に相当する概念がないのだろう。

イラク出身の頭の良い野心的なお嬢さんが、イギリスの「AAスクール」（英国建築協会付属建築学校）で学び、レム・コールハース事務所で働き、独立後、「思いつくことは何でもしてやろう」

という意気込みで、脱構築なる変わった建築思想を打ち出す。建築界に注目され、いまのような世界的建築家に育つまでがよく見て取れた。しかし彼女はデザイン先行で、建築を使う市民のことは考えていないようだ。世界中で九〇ものプロジェクトが同時進行中というから、すべてを自分一人で設計したりはできないだろう。事務所には所員が一二〇人いる。「規模の点でもスケールの点でも巨大」なプロジェクトは楽しみだという。そして彼女は「挑発されるのが嫌な人たち」が建築家の実験を妨げる、とも言う。私など、まさにその口だろう。自分たちが長年はぐくんできた風景が建築家の野心や実験のために壊されるのであれば、私はあえて保守派といわれてもいい。抵抗したい。

この頃、岩波ブックレット『異議あり！　新国立競技場』の編集作業が佳境に入る。公開座談会の登壇者の発言をゲラにし、データをチェックしたり、写真を集めたり。

二月十八日。「手わたす会」第三回目の公開勉強会「スポーツ施設としての新国立競技場を考えよう」が今回も建築家会館で開かれた。前回だけでは聞き足りない鈴木知幸さん、サッカー・ジャーナリストの後藤健生さんが来てくださってかなりの新発見があった。

後藤健生さんは私より二、三歳年上。小学生で東京オリンピックのサッカー戦を見て感動し（うらやましい）、サッカー・ジャーナリストとなって、今日までに世界中の競技場でサッカーを見てきた。『国立競技場の100年――神宮外苑から見る日本の近代スポーツ』（ミネルヴァ書房）で二〇一三年度のミズノスポーツライター賞優秀賞を受賞された。

「オリンピックに使われたスタジアムで廃墟のようになっているものもあります。ワールドカップのために作った宮城スタジアムも年間数日も使われていない。大会後のことを考えることが大事です。スタジアムによっては劇場や映画館、ホテルなどを併設することによって年中にぎわっているものもあります。今度の新国立はまったくオリンピック後を考えていない」

「高さ七〇メートルのところに屋根があっても、急に雨が降れば閉めるのにも時間がかかり、吹き込んだ雨は渦をなして、まったく屋根の用をなさないと思います。世界の趨勢は多目的のどっち付かずのスタジアムでなく、単一目的の使いやすい大きさのスタジアムをつくる方向へ向かっている。少なくとも陸上か、サッカー・ラグビーの球技に特化した方がいいのではないでしょうか？」

この日のために後藤さんがつくってくださった近代オリンピックスタジアムの表はとてもわかりやすい（一一〇―一一一頁参照）。メインスタジアムの半数ほどは新築でなく、既存施設の改修である。オリンピック後、閉鎖されたところもある。ソウル・オリンピックの蚕室スタジアムもほぼ使われず、北京の「鳥の巣」も特別なイベント以外にはあまり使われていないという。立地が悪く、観光客は見にきても、競技にはもっと便利な北京体育場の方を使うことが多いからだ（鳥の巣は二〇一五年八月の世界陸上や二〇二二年の冬季オリンピックには使うとのこと）。こうしたことをふまえ、ロンドンでは二万五〇〇〇人の常設席に五万五〇〇〇の仮設席を乗せて八万とし、オリンピック後減築する予定だった。予定した用途が代わり、今は六万ほどにして二〇一五年のラグビーワールドカップ、二〇一七年の世界陸上に使用する予定、またサッカーのウェストハム・ユナイテッドのホームグラウンドとして使うという。

前回も登壇の鈴木知幸さん。

「少なくとも今の屋根の下では芝生は育ちません。日照も通風も足りないので。サッカーの選手はラグビーやアメフトの選手がグラウンドを使うことすら「芝が荒れる」と言っていやがります。音楽イベントはなおさらです。味の素スタジアムでX JAPANがコンサートをしたあと、芝が荒れているのにホームグラウンドのFC東京が激怒し、六〇〇〇万かけて芝を張り替えたことがある。コンサートをするときは通気性のシートを芝にかけるんですが、それで芝が蒸れて黄色くなります。その辺の問題をどう解決するつもりなのか、JSCから回答は出ていません」

最後に東京電機大学教授で構造設計家の今川憲英さんが、学生たちと国立競技場の改修案を示してくれた（一一三頁参照）。それは仮設席でオリンピック時には八万人収容を実現させる。大会後、仮設席を取り外し、東北へ持っていって、近くに高台のない海辺などの津波避難タワーに転用するというユニークなアイディアである。

会場にはサッカー・ジャーナリストの牛木素吉郎さんもいらして、あとでメールで意見をくださった。牛木さんによれば「現在およそ一八〇〇億の建設費を、三〇年使うとして単純に割ると一年

1960	ローマ	オリンピコ	1937	既存	1987 世界陸上　改装 1990 W杯　ローマ，ラツィオのホーム	陸上・フットボール兼
1964	東京	国立競技場	1958	新設	サッカー，ラグビー 1991 世界陸上	2015年に解体
1968	メキシコ市	オリンピコ	1952	既存	UNAM大学所有　1986 W杯　カレッジフットボール　サッカー	陸上・フットボール兼
1972	ミュンヘン	オリンピア	1972	新設	サッカー　2005年までバイエルンおよび1860の本拠地	陸上・フットボール兼
1976	モントリオール	オリンピック	1976	新設	DS　野球場に改装　エキスポズの本拠地（2004撤退）	フットボール等
1980	モスクワ	ルジニキ	1956	既存	2013 世界陸上　CL決勝等　サッカー国内リーグ	陸上・フットボール兼
1984	ロサンゼルス	コロシアム	1923	既存	カレッジフットボール　サッカーの国際試合等	フットボール
1988	ソウル	蚕室総合運動場	1984	新設	サッカー国際試合　2002年W杯スタジアム完成後，ほとんど使用されず	陸上・フットボール兼
1992	バルセロナ	オリンピコ	1929	既存	サッカーのエスパニョーラが一時使用　現在は他競技場に移転	陸上・フットボール兼
1996	アトランタ	センテニアル	1996	新設	DS　野球場に改装　ブレーブスの本拠地　2017年に新球場に移転予定	野球場
2000	シドニー	スタジアム・オーストラリア	1999	新設	DS　フットボール・クリケット場に改装　各種フットボール	フットボール・クリケット兼
2004	アテネ	オリンピアコ	1982	既存	97 世界陸上　サッカーリーグ等	陸上・フットボール兼
2008	北京	国家体育場	2008	新設	DS　2015 世界陸上開催 2022冬季五輪メイン会場	陸上・フットボール兼
2012	ロンドン	オリンピック	2011	新設	DS　改装予定（ウェストハムUのホーム計画）2015 ラグビーW杯・2017 世界陸上開催	改装予定

（公開勉強会で配布された後藤健生氏作成の表にもとづく）

近代オリンピック・メインスタジアムの大会後の使用状況と現状

開催年	開催都市	スタジアム名	完成	新/既	五輪後の主な使用状況 DS＝ダウンサイジング	現状
1896	アテネ	パナシナイコ	BC 329	既存	古代のスタジアム 2004年大会でもマラソンのフィニッシュなどに使用	遺跡！
1900	パリ	ヴァンセンヌ	1884	既存	自転車競技場 サッカー，ラグビーにも使用 現在も存在	自転車
1904	セントルイス	フランシスフィールド	1904	新設	ワシントン大学所有 大学フットボールに使用 NFLに使用されたことも	フットボール
1908	ロンドン	ホワイトシティ	1908	新設	陸上，サッカー，ドッグレース等 1966 W杯でも1試合開催	1985年に解体
1912	ストックホルム	オリンピア	1912	新設	陸上，サッカー等 ユールゴルデンなどのホームとしても使用された	陸上・フットボール兼
1920	アントワープ	オリンピフス	1920	新設	現在サッカー2部リーグチームの本拠地	陸上・フットボール兼
1924	パリ	コロンブ	1907	既存	陸上，サッカー，ラグビーに使用 現在はメインスタンドのみ存在	陸上・フットボール兼
1928	アムステルダム	オリンピフス	1928	新設	自転車，陸上，サッカーに使用 1996にArenA完成以降は陸上競技専用	陸上専用
1932	ロサンゼルス	コロシアム	1923	既存	大学フットボール プロ野球 NFLにも使用 1984五輪の主会場	フットボール
1936	ベルリン	オリンピア	1936	新設	1974，2006 W杯で改装 2009世界陸上 ヘルタベルリンのホーム	陸上・フットボール兼
1948	ロンドン	ウェンブリー	1923	既存	サッカー協会所有 五輪時に特設トラック設置 2007全面改築	サッカー
1952	ヘルシンキ	オリンピック	1938	既存	1983，2005世界陸上 陸上，サッカー 現在も当時のままの姿を留める	陸上・フットボール兼
1956	メルボルン	クリケット・グラウンド(MCG)	1854	既存	クリケット場に特設トラック 五輪後原状回復	クリケット・フットボール兼

あたり六〇億。これにＪＳＣの維持費四二億を乗せると年間一〇二億。一週あたり約二億かかるスタジアムを誰が使えるのか？　新国立はどう見てもオリンピックの後は廃墟になる」とのこと。

さらに「反対するだけでなく対案が必要」として「調布の味の素スタジアムに仮設スタンドで増員、メインスタジアムとする。その周辺を陸上競技センターとして整備。現在の国立は取り壊し、二〇一九年ラグビーワールドカップに向けて、六万人程度の国立フットボール場として建て直す。トラックがなくなるので規模は今より小さくなる」とも言われた。

牛木さんは東大サッカー部からスポーツ記者になり、ワールドカップを数多く取材、「ビバ！サッカー研究会」も主宰されている。一つの考え方として、紹介しておきたい。

スポーツライターの玉木正之さんも、『新潮45』の森山高至論文を読んで、ザハ案支持から一転、反対を表明された。ジャーナリストたちが発言を始めているのに、陸連やサッカー協会はほとんど何も言わない。

この第三回公開勉強会も満員に近かった。

二〇一四年二月から三月にかけて、東京にも大雪が降った。ソチ冬季五輪が行なわれ、メディアはまた「日本がんばれ」のナショナリズムに沸いた。舛添新都知事もさっそくソチに出張した。ソチ五輪も当初予算が一二〇億ドルから五〇〇億ドルまでふくらんだという。

この頃、私はひどい腰痛に悩まされていた。メーリスに報告すると「腰湯であたためて寝たら」

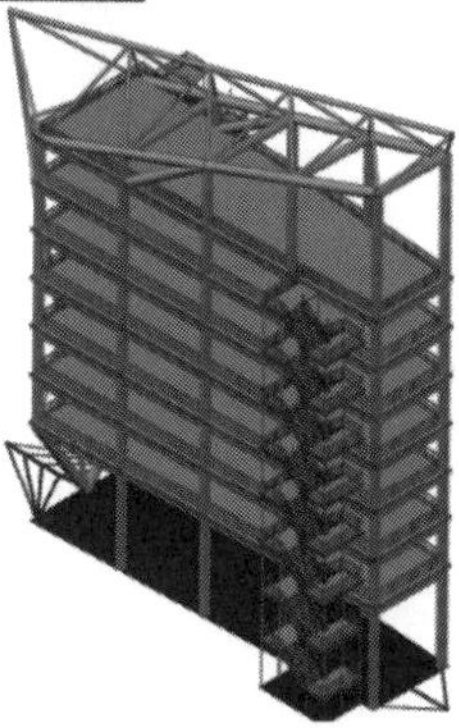

国立競技場　今川憲英改修案

仮設の観客席と屋根が増設された全体図（上）
仮設の観客席は大会後に撤去、被災地等で津波避難用のタワーに転用（右）

「ベッドの上で腰をゴロゴロさせるといいよ」などと教えてくれた。

それにしても運動を始めて五ヶ月、私たちも疲れがたまってきた。市民は自分の仕事のほかになおかつ活動をするのだから。さらにいえば役所の給料やＪＳＣから設計料をもらって仕事に専念している計画側の人たちと、同じ量の情報や知見を集められるわけがない。それでも官僚や専門家と知恵比べをし、やりとりをしなければならない。「対案を出せ」という人々に、共同代表の多田君枝が「ジャーナリストや政治家がその任を負うべきです」と言ったのは正しい。

いっぽうこの運動をしていると、新しい知見と知己を得ることができる。二月十九日夜、「ＩＷＪ」で安冨歩さん、平智之さんと三人で新国立競技場について話す。回転のいいお二人の自由さにつられて、調子に乗ってちょっとしゃべりすぎたかも。また新しい友人を発見し、夜遅くまでワインを飲んだ。

前回の鈴木知幸さんの話を聞いて、「オリンピックムーブメンツ・アジェンダ21」を調べてみた。これは一九九二年のリオの地球サミットをふまえて一九九九年に制定されたもので、IOCの行動計画。オリンピックが環境や都市を破壊するという批判に応えたものでもある。高い理想を掲げているが、施設計画についても

一、できるだけ既存スタジアムを使う。どうしても改修ではすまない場合に限り、新築を認める

二、その場合でも当該地の景観や環境を守り、その土地の制限を守らなくてはならない

三、当該地の文化、社会、自然を破壊してはならない

とある。すなわち現行計画はこれらアジェンダの条項を踏みにじるものである。最初はJSCも改修の可能性を探り、「久米設計」に調査させ改修案を出させたが、

一、トラックが国際基準の9レーンではなく8レーンであること（これは後で陸連に聞きにいって国際競技に必須条件ではないと分かる）

二、六四年オリンピックのための増築部分が一〇〇平米ほど都道に飛び出していること（いわゆる既存不適格）

を理由に、既存施設利用は無理だとして建て替えに決めた。

近所の図書館に行って、オリンピック関係の本を読みあさる。原田知津子『希望の祭典・オリンピック――大会の「華」が見た40年』（幻冬舎ルネッサンス）には気分が悪くなった。著者は東京オリンピックの際、当時の都知事・東龍太郎に頼まれ、英語のできる女子を集めて四〇人のコンパニオンを教育し、束ねた人である。コンパニオンを務めた西村亜希子さんを長嶋茂雄さんに紹介したのは原田さんとか。サブタイトルも気に入らないが、彼女と外国人オリンピックＶＩＰとのツーショット写真が本文にたくさん入っている。いかに自分に功績があり、高く評価されてＩＯＣからメダルをもらったかという自慢話。原田さんの舅は『西園寺公と政局』を書いた原田熊雄、またその叔父は森鷗外の親友の画家にして自由人、原田直次郎なのが信じられない。セレブが社交してこんな自慢をするためにオリンピックがあるとは思いたくない。

9 どうやって規制を外したのか？

私たちは次の公開勉強会を、二〇一四年三月二十四日と決めた。気になっている防災、ヒートアイランド、環境アセス、音楽イベントの専門家の話が聞きたい。特にこんな巨大な公共建造物を建てるのに環境アセスの必要がないとは思えなかった。環境アセスとは大規模な開発に当たって、あらかじめその事業が環境に与える影響を予測・評価し、住民の意見も聞いた上で専門家の委員会で審査する行政手続きのことである。しかしざっくり言って、高さ一〇〇メートル以上でないと環境アセスを行なう義務はないらしい。

なかなかこれという人が見つからない。音楽関係のある協会から、「オリンピック後の施設の有効活用を行政などに提案しているところなので、協会名や個人名を出しての参加は無理」との回答があった。

いっぽうでは、二〇一三年十二月二十四日の質問に対するＪＳＣの回答は答えをはぐらかされている項目が多く、あらたな質問状を用意し、二月二十七日、ＪＳＣに発送した。「収支計画の内訳・改修基本計画をやめた理由・募集要項作成とコンクール審査の議事録公開願い・八万人常設の根拠・開閉式屋根の技術的問題・アジェンダ21との整合性ほか」を森桜が緻密な作業で質問を作り上げ、三月二十日を回答期限とした。しかし、質問をすればするほど、向こうにとって想定問答をつくる絶好の材料になるので、国会の場で、国民の前で質問してもらった方がいいのではないかという意見もあった。しかし議員が質問してくれるとは限らないし、あくまで市民の立場から公開質問状を出すことで広く問題を共有し、世論を喚起することができる。

さらに都知事宛てには三月三日、「オリンピックムーブメンツ・アジェンダ21」に準拠した、次世代の負担にならない持続可能な計画とするように要望書を送った。しかし回答はなかった。この頃、指を怪我して、パソコンを一本指で打っていた同い年の大橋智子は「おたがい徹夜がこたえる年になりましたね」と書いてきた。一つの要望書をまとめるにも誰かがたたき台をつくり、みんなでメーリスで意見や修正を重ねる、そのスタイルができつつあった。

しかし都に要望しても返事はないだろう。舛添都知事との面会要望も多忙を理由に断られた。本人というより秘書などまわりのガードが固いのかもしれない。「国立競技場は国の施設なので都に権限はない」というのが都のいつもの言い分だ。しかし敷地には都有地も含まれている。

この間も、最初の異議申し立て人、槇文彦さんは精力的に講演を行ない、新しい論文「それでも我々は主張し続ける」を『ＪＩＡマガジン』三月号に発表、『世界』では建築家の平山洋介氏と「成熟都市の「骨格」」という対談を行ない、この問題を語り続けた。また、内田樹、小田嶋隆、平川克美氏の共著『街場の五輪論』（朝日新聞出版）が出て、この本も現行計画に批判的であった。ラジオでは評論家の山田五郎氏が、早くから新国立競技場批判をしていた。

三月五日。参院予算委員会で新国立競技場について質問をする予定の蓮舫議員から、ある人を介してヒアリングの依頼があり、鈴木知幸さんと出かけた。頭の回転のいい議員はなるほど、なるほどとうなずきながら話を聞いてくれた。けれど最後に「新国立はできます。国会で決め、官僚が関わり、走り出してしまった以上、これはできます。それは自民党を選挙でこんなに勝たせてしまった国民の責任です」と彼女らしいきりっとした口調で言った。そう言われてもなあ。民主党にも責任があると思うけど……

帰りに鈴木知幸さんから、二〇一六年のオリンピック招致や現行計画の問題点をたくさんうかがった。これを起こしたメモは、当時の私には理解が足りなかったが、芝生の育成の難しさやサブトラックの重要性、以前からある秩父宮ラグビー場と神宮第二球場の交換計画、高価な会員シートが売れるはずない、などすべて大事な論点だった。

私は三月七日からNGO関連の取材で、メキシコとグアテマラに行った。初めてのラテンアメリカ、メキシコシティではメキシカンバロックの建造物とかディエゴ・リベラの壁画を見て圧倒された。そして飛行機がメキシコシティを飛び立ったとき、はるか下に大きなスタジアムが見えた。東京五輪の次がメキシコシティ、南の大学都市にあるという一九六八年オリンピックのメインスタジアムではないか？　一九五二年につくられた既存施設を改修活用し、今も陸上やフットボールに使われている。

あの頃、標高二二〇〇メートルの高原都市でオリンピックをすることに反対もあったと聞くが、君原健二選手がマラソンで銀メダルを取った。開会式には美濃部亮吉都知事が大会旗を渡しに来たという。メインスタジアムは六万人収容で、その後、サッカーのワールドカップやローマ教皇のミサにも使われた、と現地でネットで調べた。

三月十四日、民主党蓮舫議員、参議院予算委員会で質問。立て板に水で、短い時間にじつに多くの質問をした。会員シートについて「巨人ファンが年間七二試合もある東京ドームの席を買うのと訳が違う。陸上、サッカー、ラグビー合わせて年間三六日だけ」「高齢化の東京で二〇〇〇億円の箱物を維持する見通しが甘い」云々。私には「新国立は間違いなく建ちます」と言ったが、国会では「改修でいいのではないか」と質問してくれた。

三月十九日。ずいぶん前に送った私の投稿が朝日新聞の「声」欄にようやく掲載される。

二〇二〇年の東京オリンピック・パラリンピックと前年のラグビーワールドカップのために神宮外苑の国立競技場が改築されようとしている。新競技場はザハ・ハディド氏デザインの二二万平方メートル、高さ七〇メートルの巨大なもの。予算は一三〇〇億円だったが、三〇〇〇億円という試算が出たため、文部科学省などは一六九二億円まで縮小した。しかし維持費が毎年四五億円、将来の改修費もかかり、少子化が進む日本にとって「お荷物」になりかねない。

この計画は国際オリンピック委員会（ＩＯＣ）が一九九九年に採択した「アジェンダ21」に違反している。新施設は「既存施設を修理しても使用できない場合に限り建造できる」とあるが、陸上を別会場でやれば現競技場の改修で十分間に合う。しかも新施設は「地域にある制限条項に従わねばならず、また、まわりの自然や景観を損なうことなく設計されねばならない」という条文にも違反している。現地は風致地区の高さ一五メートル制限なのに、デザインが決まってから都の都市計画審議会で七五メートルまで追認させたものだ。神宮外苑の歴史と景観、自然を壊すこともＩＯＣの環境基準を満たしていないと思う。

三月二十四日。第四回公開勉強会「新国立競技場、このままでほんとにいいの？」が建築家会館で行なわれた。

トップバッターの社会経済学者・松原隆一郎さん（東大教授）は、自転車愛好家として東京の町を走り、私の地域雑誌『谷根千』も第一号から読んでいたという。「ザハ案に「ダイナミックな都市の息吹を感じる」という人もいるが、私はそう思わない。日本橋があんなになったのを批判したときも、「日本橋なんかヨーロッパの模倣に過ぎない」という人もいたが、自分が言いたかったのは、日本橋と首都高が景観的に交わるのは気持ち悪い、みそ汁にチョコレートを入れるのが気持ち悪いのと同じ、ということだ。経済学から見ると「都市は経済がつくる」ことになっている。そのためならどんな制限も変えてしまう。しかし都市を「経済」に任せたら景観も町並みもなくなってしまう。規制緩和で建物や高速道路が空に対して暴力的に侵略するのが恐ろしい」と発言した。

都市計画専門家の柳沢厚さん（元建設省職員）は、国立競技場の敷地にかかっている都市計画法の規制について冷静に説明してくれ、たいへん役に立った。

一、都の風致地区（建築物の高さは一五メートル以下）――開発者が国の機関であれば規制許可は不要（国が住民の環境を壊すはずがないという前提でこうなっているらしい）、ただし都知事と協議は必要。

二、第二種高度地区（建築物の高さは二〇メートル以下）――地区計画を制定すれば区域内は適用除外。これを用いて二〇一三年五月にA２の国立周辺を七五メートルに、A４のテニスコートを三〇から八〇メートルにした（ここにJSCと日本青年館が一六階建てのビルを新築し移転する予定。五三頁の図参照）。

三、用途地域は第二種中高層住専地域なので観覧場は不可。しかし再開発促進区の地区計画をかけることによって緩和の許可は可能。

四、容積率制限は二〇〇％以下。これも再開発促進区に定めると二五〇％までは可能。ザハ案のように屋根が開閉式だと、容積にカウントされない部分が出てくる。

五、都市公園。運動施設を含めた建ぺい率が公園敷地の一〇％以下――競技場周辺は都市計画公園だが都市公園にはなっていない。そして計画では明治公園と日本青年館を新国立競技場の敷地に組み入れ、その代わりに都営霞ヶ丘アパートを廃止して公園に用途変更する。

このような重層的な整理は目からウロコだった。司会の私の隣に助っ人で座ってくれていた松隈洋さんも私を肘でつついて「ね、こんなこと知ってた?」とささやいたくらいだ。柳沢さんの結論。

「都市計画決定の手続きは一応、法令に従って実施されている。しかし実質的な討議のないのはたしか。しかも一連の手続きはコンクールの最優秀案が決定した後になされている。いわば追認である」

二〇一三年五月十七日に、都の都市計画審議会が何らの議論もないままに、地区計画決定で高さ制限を緩和してしまったことを指す。しかも、風致地区と高度地区の規制はいぜんとして残っている。

「いっぽうコンクールの募集要項には、現行の制限に抵触する要件が書かれている。少なくとも募集要項には都市計画の規制緩和を予定などの記載があるべきだったし、そのような記載をするなら、事前に都計審に意見を聞くなどをするのが作法だった。重要案件だとの判断があれば、その段階で都市計画手続きに準じた手順（パブリックコメント）などを踏むべきであった。社会的な意思決定はできていないと言ってもいい。このあとのＪＳＣと都知事の協議に注目すべきだろう」

長年、地区計画とは、地域住民が住環境を守るためにつくる合意形成の手法だと思っていたが、こんな事業者に都合のいい開発型の地区計画もあるのだ、と驚いた。

三番バッターは横河健さん（建築家・日本大学教授）。「内藤廣さんが「建築家諸氏へ」で書かれたことに反論した。「彼は今異議を唱えている連中は聖徳絵画館に愛着を持っているのか、あのへんの景観をまともに考えたことはあるのか、などと言っているが、僕は九〇年代から神宮外苑の銀杏並木のランドスケープを考えてきた。あの景観も慶応病院という合法的建築がうしろに建つことによって壊されたことを問題にしてきた」と発言。風致地区でなぜあんな要件のコンクールをしたのか、二五パーセント面積を減らせば美しくなるのか、新国立は税金をはらう国民の意志で決めるべきで、そのためにはどうしたら良いのか、などを語った。

最後に東京大学三年生の二人が、大野秀敏教授の設計課題として、新築設計案を発表した。当該土地とスタジアムに必要な機能についての事前のリサーチを行ない、調査結果も整理・分析されていて勉強になった。ザハ・ハディド氏はこのようなリサーチをしたのだろうか。一人の案はイベントのないときも新国立競技場の中を通り抜けられる歩道を設けていた。また観客席のスタンドを花びら型に配置することで傾斜を緩くし観客の上り下りを楽にすることも、いい提案だと思えた。

もう一人の案は南に開かれた馬蹄形のスタジアムで、イベントがないときでも日常的な人の交流が生まれる広場を設けていた。参加者からは、若者もやるもんだなあ、と大きな拍手がおきた。というか二十代前半はいちばん頭がシャープな年頃なのだ。どうしてこうした若い才能が参加できないデザイン・コンクールにしたのだろう。

会場から、評論家の三浦展さんは「原発が増えていったのと同じで、こんな大事な問題が知らないところで決められたことへの違和感が大事。私はオリンピック招致には賛成だが、こういう若い人たちにゆだねて成功体験にしてほしい。現実は反対でオリンピックをおじいちゃんたちが牛耳っている。せめてザハ案は埋め立て地にもってってってほしい」と述べた。

この日、昼には鈴木博之さんのご葬儀があったそうだ。お付き合いのあった何人かの共同代表が参列した。鈴木さんと生前親しかった安藤忠雄さんが葬儀委員長を務め、石山修武さんが、新国立デザイン・コンクールの審査委員をなさったことを鈴木さんの業績にあげ、ほめたたえたと聞き驚く。そういう弔辞で鈴木さんは喜ぶのだろうか？　そして同じ日、ＪＳＣは今の国立競技場を解体するための一般競争入札を公告。

三月二十七日。「東京史遊会」昼食会で、槇文彦さんのお話を少人数で聞いた。槇さんは日本文化や都市の構造に見られる「奥」という魅力について語られた。奥方、奥ゆかしい、奥の細道などの話も出て面白い。たしかに銀杏並木の奥に聖徳記念絵画館が見えるのは奥ゆかしい。それは敷地いっぱいに建つザハ案の新国立競技場にはまったく「奥」がないことを暗に示す、スピーチでもあった。

調子に乗って素朴な質問をした。世界で最初の建築家は誰でしょうか。槇さんはこう言った。「それはエジプトのピラミッドをつくった石工でしょう。彼らはいい石のある場所や切り出し方、積み方を一子相伝で秘密にしていたようです」。槇さんが建築家になろうと思ったきっかけはなんですか？「私にとっての最初の建築教育はよその家を訪ねることでした。間取りやインテリアがそれぞれに違い、においも違うものだと知りました」。神宮外苑に思い出はありますか？「慶応に通っていた小学生の頃、ランドセルを背負って初代の競技場で早慶戦とか見ましたが。芝生のスタンドでね。あの頃は牧歌的な雰囲気でしたよ」。最後に「いま無理なザハ案を実現するために建築家たちにとても無理がかかっていると思います」。淡々と話されたが、私にとっては有意義な時間だった。

同日午後、原宿のJOCを訪ねた。岸記念体育会館という建物の中にある。岸信介ではなくて、岸清一という二十世紀初めにIOC委員などを務めた弁護士を記念する建物だという。入り口に電通から送られた巨大な花が飾ってあった。迎えてくれた方はにこやかで快活だ。「自分たちは選手の養成や強化をするのが仕事で、新国立競技場計画については関与しておりません」とのこと。私たちが「IOCに直接、手紙を出してもいいですか」と聞くと「どうぞ、どうぞ、どんどんやってください」ということなので、緊張して乗り込んだ私たちはいささか拍子抜けした。

三月三十一日。政策シンクタンク「構想日本」のフォーラム「レジェンドの地、国立競技場を捨ててよいのか」に、松隈洋、後藤健生さんが登壇されるので、応援がてら聞きに行く。もうひとりの登壇者、さかもと未明というアーティストの若い女性が、素っ頓狂なのだが面白いことを言った。「オリンピックなんてただの運動会。空き地でやればいいことじゃない？」「いっそ一〇〇〇人だけのスタジアムをつくって、どうぞVIPはそこで観戦してください。私たちは家で見るなり、街頭スクリーンで見ればいいじゃないの」。正論だと思う。

四月四日には岩波ブックレット『異議あり！　新国立競技場』が刊行された。社会運動のパンフは薄くて手頃な方がいい。一冊五二〇円だ。でも中身は濃い。本文は一回目の公開座談会を中心にし、当会の最初の公開質問状とその回答も編集者の木村さんが読みやすく収めてくれた。

六〇〇〇部刷ったうち短期間に五〇〇〇部以上が注文で市場に出回ったそうである。寄稿者であり会の支援者である日置雅晴さん、松隈洋さんは、出版社からの印税を私たちの会に寄付してくれた。私は印税で一〇〇部のブックレットを購入し、いろんな方に配ることにした。グーテンベルクの印刷技術は最初、教会での宗教宣布のパンフレットで威力を発揮したと、私は東大新聞研究所で香内三郎先生に習った。ブックレットがみんなの手から手に渡る様子は、まさにそれに似ているように思われた。

10　環境アセスと久米設計の改修案をめぐって

桜の季節がようやく終わった。わが家では子どもたちが出て行って一家離散の春、いや旅立ちの春となった。二〇一四年四月五日、私たちの会は、新国立競技場に対し市民や専門家からこれだけの批判や疑問が出て、国民的合意を得ていないのに、ＪＳＣが七〇億円の予算を用意し、現競技場の解体工事入札を実施することに、一万四〇〇〇人の賛同者を背景に「抗議声明」を出した。

同じ頃、表参道の東京ウィメンズプラザで行なわれた「検証オリンピック！」という商業主義やナショナリズムに疑問をもつ人々の集会に参加した。スポーツジャーナリストの谷口源太郎さんや前都議の福士敬子さんなどの登壇。ところが国立競技場の建て替えをどう思うか、改修でいいのではないかと質問したが、「今の競技場はもう老朽化してぼろぼろ、クラックが入っている」「改修といったってもう何度もやっているでしょう」といったお答えには、ショックを受けた。商業主義のオリンピックとナショナリズムには批判的な人々でも、ＩＯＣの「アジェンダ21」や改修でどのくらいのことができるか、理解がない。

四月十六日朝、「オリンピック施設に関わる都の環境アセスメント」に対するパブリックコメント（意見公募）の締め切りが今日までだと、都議会関係者から連絡がある。いそぎ、槇文彦さんたち建築家グループにも伝える。さっそく意見を送ってくれるという。私も焦った。都の環境部局ならわかるかと電話をかけ、「どこにパブコメの公告が出ているんですか」と聞くと、「担当はうちではありません。環境アセスをやるのはうちで委員会がありますけど……」とのこと。

向こうは電話口で一生懸命、都のホームページ内を探してくれたのだが、同じ都職員でもわからない。「オリンピック・パラリンピック準備局が担当のようです」というのでそこに電話を回してもらう。言われた通り、都のホームページを五回ぐらいクリックするとやっと出てきた。よくも大事なパブリックコメント告知をこんな重箱の隅においておくものだ。都民に意見を出させないために、わざとわかりにくい場所に置いているとしか思えない。

見てびっくり、アセスメントの計画書は一三六八ページ。これを全部読んで、二週間以内に意見を書けというのか。ざっと読むが、交通アクセスのバス停の調査、〇〇寺にある都史跡の〇〇の墓への影響など、どうでもいいとはいわないが、些末なことが多いいっぽう、風害、光害、騒音、その他、住民生活にとって切実なことが、まったくアセスメントの対象となっていない。

そのうちおかしな「地図」を見つける。何だこれは。

重文の聖徳記念絵画館の前に大きくななめにサブトラックが書いてあり、妙な緑地みたいなものも書いてある。これは地主である明治神宮の許可を得ているのだろうか？　こんなものが作られたら銀杏並木と絵画館の一体感が失われてしまう。オリ・パラ準備局の担当者に「この絵はいつ誰が書いたものですか」と聞くが、さあわかりません、というのみ。調べてみると二〇一三年二月の都の招致ファイルに、すでにこの絵がある。すなわち、ザハ案でオリンピックの招致を獲得しようとした際に、すでに絵画館前庭にサブトラックを作ろうとしたものだと分かった。

それでも東京都は招致都市として、ＩＯＣへのメンツなのか、競技施設の環境アセスをやろうとしているが、国は、高さ七〇メートル、延床面積二九万平米の巨大な新国立競技場の環境アセスは、制度上やる義務はないとしている。

アセスメントに詳しい友人、権上かおるさんが都に行って調べてくれた。都の担当者いわく「向こう（ＪＳＣ側）からどういうものをつくるのかいまだに提示がないので、都から「アセスメントをやるべきではないか」とはいえないし、見解も示せない。

いまの日本の法制度では当該建造物の

一、駐車場が一〇〇〇台を越えない

二、高さが一〇〇メートル以上でなく開発敷地が一〇万平米を越えない

三、新規の道路の拡幅工事を一キロ以上しない

のであればアセスは必要ないことになっています」だそうな。まるで、ざるだ。

もう一度都に電話をかけ、オリ・パラ準備局の梅村課長（四月着任）に聞く。すでに初期アセス

はすんでいるという。コンサルタントはいであ株式会社、委託費は五〇〇〇万円、これからやる本格的アセスは初期のを引き継いでいるので、それほど費用はかからない予定。コンサルタントは日本工営株式会社で委託費は二九〇〇万円。もちろん入札は公正に行なわれているとのこと。環境局の委員会でしっかり論議し、その結果を都民に伝えるよう頼む。それにしてもオリンピック事業主体が都で、アセスメント評価をするのも都というのは、お手盛りにならないか?

四月十九日。「東京にオリンピックはいらないネット」の渥美昌純さんから、二〇一一年の久米設計による改修調査概要版が送られてきた。JSCも当初は既存施設改修の可能性を追求していたのだ。しかしせっかく一億近くもかけて精密な調査をしたのに、これを公表しないのはなんという秘密主義なのか。渥美さんは情報公開を粘り強くもとめた。コピー代はばっちり取るのに、資料の肝心なところは黒塗りばかり。しかも詳細版の請求にもかかわらず概要版しか出してこない。

森山高至さんに送ったところ、「これはイイ! 特級資料です」というメールが来た。「既存躯体の構造調査もしてあるし、改修方法の三段階の提案もある。これを参考資料とすれば、誰でも現競技場の現実的な改修案の提案もできるし、仕事を引き継げると思います」

いまの国立競技場の問題点としてよく言われるのが、バリアフリーでない、貴賓室以外エレベーターがない、レストランや喫茶店も欲しい、トイレも少ないなどである。これらは建築家のほとんどが、スタンドの下の空間などで対応可能と言う。いまの国立競技場はある意味でスタンドとそれ

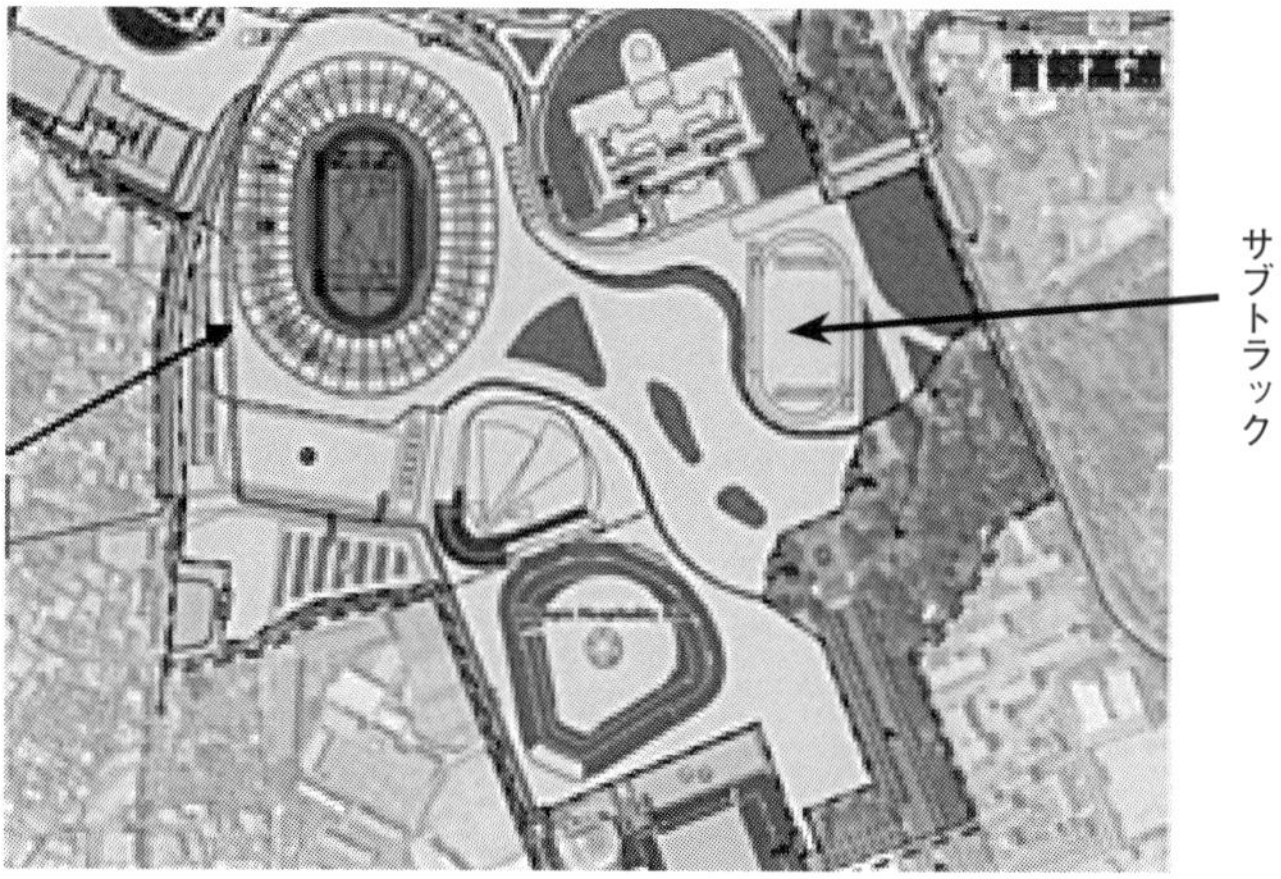

オリンピック施設に関わる都の環境アセスメント計画にあった図

をささえる柱だけの未完のかたちをしており、空間はたくさん残されている。久米案は日よけ雨よけの屋根を付け、なかなか使いやすそうなかたちである。この案の長所は地下を掘り下げてサブトラックを設けてあることだ。

陸上の国際大会にはウォーミングアップのためにサブトラックが欠かせない。今の国立競技場にもサブトラックはなく、陸連は競技のたびに頭を痛めてきた。ザハ案にもサブトラックがないのが致命的で、招致ファイルの絵（上図）にあったように絵画館前に仮設サブトラックを作ろうとしている。仮設でも地下に電気設備などが必要で、一四億かそこらはかかると専門家は言う。それを国際大会のたびに作り直すのでは無駄もいいところである。もしかすると絵画館前に常設化するつもりかもしれない。

久米設計の改修案では、アスリートたちは場外に出ないで、そのままエレベーターで地下のサブトラックに降りることができる。セキュリティ上も万全だ。

競技場の躯体については仲間の建築家・大橋智子が元気の出るメールをくれた。「コンクリート強度は基準以上出ていると調査報告に書いてありました。調査は以前にも行なっていて、久米設計は前回、漏れていたところをやったようですが、ほぼ強度はあります。中性化もそこそこで、改良できます。いくつか躯体が傷んでいるところがあり、早急に改修必要と書いてありますが、問題ありません。優秀！　防水もやったばかりみたい」

久米設計の改修費用は七七七億円というが、まあ、諸物価と消費税が上がっても一〇〇〇億でおさまるだろう。現行案が約一七〇〇億円というが、とうていそれではすまない。とするとなんだかんだで一〇〇〇億くらいは少なくてすむのではなかろうか。「今東北で仮設や間借りの小中学校がまだ四八校あるけれど、浮いた分で全部新築できないかな」と私が言うと、大橋智子は、「ざっくりいって一校二〇億はかからないから、十分できるわよ」と請け合ってくれた。

四月二十三日。槇文彦さんの論文を中心とする『新国立競技場、何が問題か』（平凡社）の出版記念パーティを建築家会館で行なうとご連絡いただいた。この本には私も小論を寄せている。せっかく集まるなら、ついでに記者会見、シンポジウムもしましょう、と槇グループに提案し、了承を得た。本が出て一段落でなく、これからも運動が続くような前向きの明るい会にしたかった。

国立競技場　久米設計改修案

驚いたのは会館の六階で打ち合わせをしたあと、下に降りるさい、先にエレベーターに乗った私たちが「先生、どうぞ」と言ったのに、槇さんは「いや、気合い入れなくっちゃね」とすたすた階段を下りていかれたことである。わァ、かっこいい。

会は結果的に大成功だった。槇さんが発言するという発言で、記者会見にはメディアがたくさん集まった。槇さんは「絵画館の前にサブトラックを作るのは景観上好ましくない」という発言に加え、「現在でも絵画館前には草野球場、室内競技場、打撃練習場などがあってめちゃくちゃになっている。できれば一九二六年当初の姿に戻してほしい」とも発言した。東大の大野秀敏さんは「ザハ案にいろんな意見が出ており、改修も提案されているのだから、今取り壊すのは拙速」と発言した。

続いて行なわれたシンポジウムでは、後藤健生さんや玉木正之さんらスポーツ関係者、中沢新一さん、鈴木エドワードさん、JIA会長の芦原太郎さんら専門家も発言し、周辺住民や都営霞ヶ丘アパートの住民支援をしている人も、それぞれに切実な訴えを行なった。「手わたす会」のみんなが設営を手伝い、メディア告知、受付、映像同時配信、パワポ操作も抜かりはなかった。パーティでは料理上手な酒井美和子がしゃれたつまみをたくさん作ってくれた。記者会見は朝日、毎日、東京の各紙はじめ、さまざまなメディアが報道した。

「出版記念会では皆様方の運動のエキスパートぶりと、それを楽しくかつ厳格で継続的に進められるさまに深く感銘を受けました」「反響も大きいようです。今後とも連携を取りながらより大きな市民運動にしていきたいと思いますので宜しくお願いします」。これをきっかけに、私たちと槇さんのグループは少しずつ協力しはじめることになった。

五月五日。海外情報担当の清水伸子からのニュース。「カタールの二〇二二年サッカーワールドカップのために建設中のザハ・ハディド設計のメインスタジアム、アル・ワクラ・スタジアムなど関連施設の建設工事でインド人が五〇〇人、ネパール人が三八二人、死亡している」とイギリスの『ガーディアン』が報じているそうだ。「この作業員の死亡事故問題についてハディド氏は「作業員の死亡事故は深刻な問題だが、それはカタール政府の問題であり、私は労働者と何の関係もない」と答えた」という。『ハフィントン・ポスト』は、「このままでいくと二〇二二年までに四〇〇〇人超が死亡するだろう」と報道した。

カタールで、五二度の外気温を室内で二八度にするのにどんな冷房を付けるのだろう。人ごとではない。日本も酷暑の八月に、温室のようなところでオリンピックをやることになる。そして一九六四年のオリンピックにも、突貫工事で日本中から労働者がかり出された。オリンピック後、ちょうど始まった原発関連工事に移動した人もいる。

オリンピック・パラリンピック組織委員会の森喜朗会長が、ラジオ番組でザハのスタジアム案を「なんですか、あの生ガキのでろりとしたようなものは」と発言した。もともと森氏はザハ案は好きではなく「設計屋を首にしろ」と言ったとも聞こえていた。それにしても「生ガキ」とは卓抜な比喩だ。森会長がどうにかこの「いやな感じ」を行動に示してくれることを望みたい。イカ、自転車のヘルメット、宇宙船から「時代遅れの戦艦大和」（後藤健生）「電気仕掛けのディノザウルス」（槇文彦）「長屋にスーパーカー」（大野秀敏）までいろいろ言われてきた。

二月二十七日にＪＳＣに送った公開質問状への返事は、三月二十日の回答期限をすぎても、まったく来ない。

つぎのイベントは五月十二日、伊東豊雄さんと中沢新一さんらの「新国立競技場のもう一つの可能性」だ。伊東さんが「改修でもいいと思う」と発言なさったことから、中沢さんのすすめで、およその改修案を当日発表してもらえることになった。

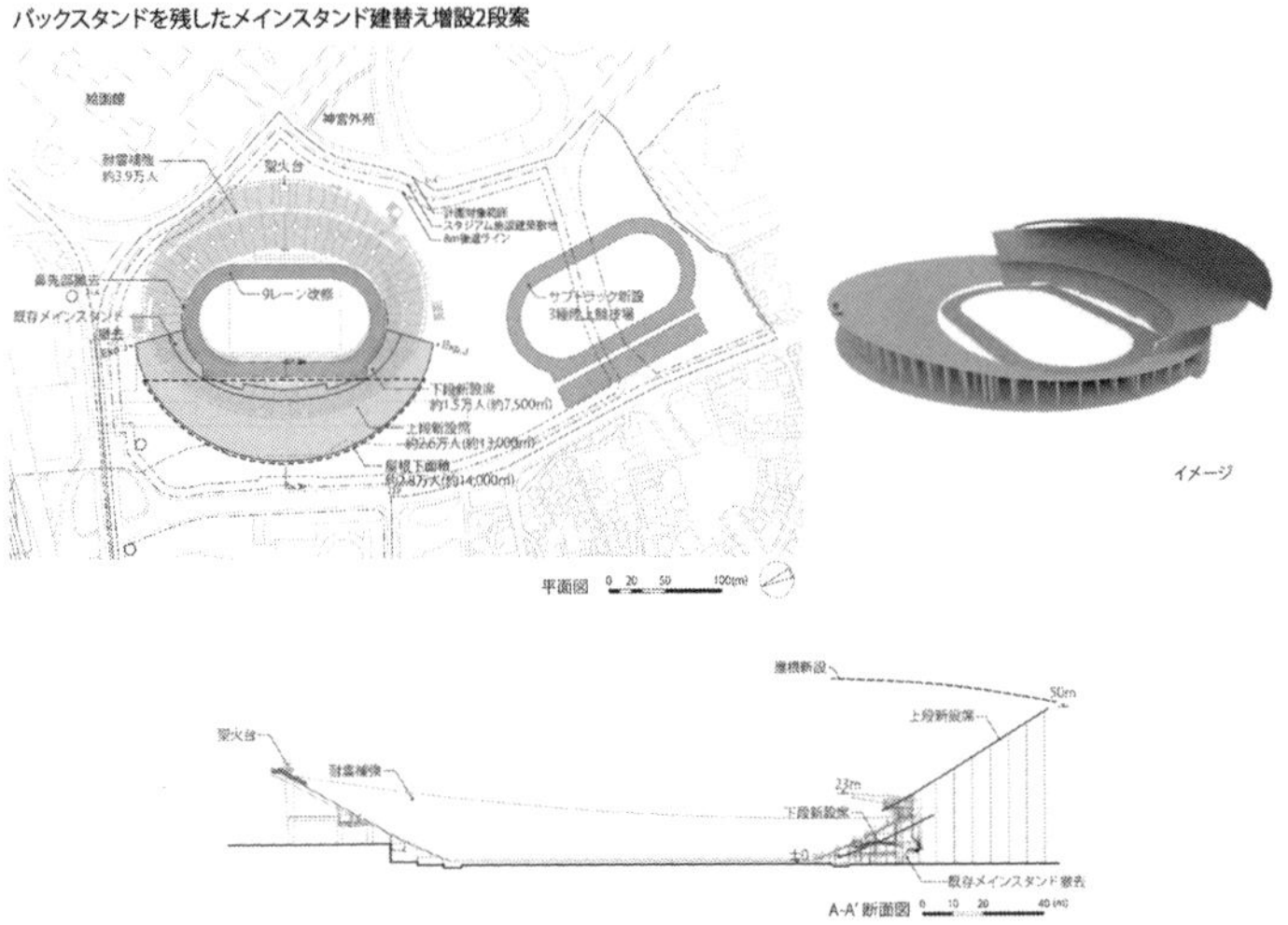

国立競技場　伊東豊雄による改修案

ザハ・ハディド氏や槇さんと同じく、プリツカー賞受賞者の伊東さんの発言はインパクトが大きい。中沢さんから「何か動きを作りましょう」というメールをいただき、森桜が設営を一手に引き受けてくれることになった。最初、日本建築家会館で催すつもりだったが、受付開始から数日で予約がパンク、津田ホールに替えた。申し込みは四八〇人の定員を超え、当日の空きを待つ人もいた。ステージには松隈洋さんと森山高至さんも並んだ。

伊東さんは今回、新国立競技場の国際デザイン・コンクールにも参加し、最終審査に残っていた。応募案はザハと比べると一見おとなしいデザインに見えるが、伊東さんの説明によれば、高さもずっと低く抑え、まわりに水をまわしてその上を通る涼しい

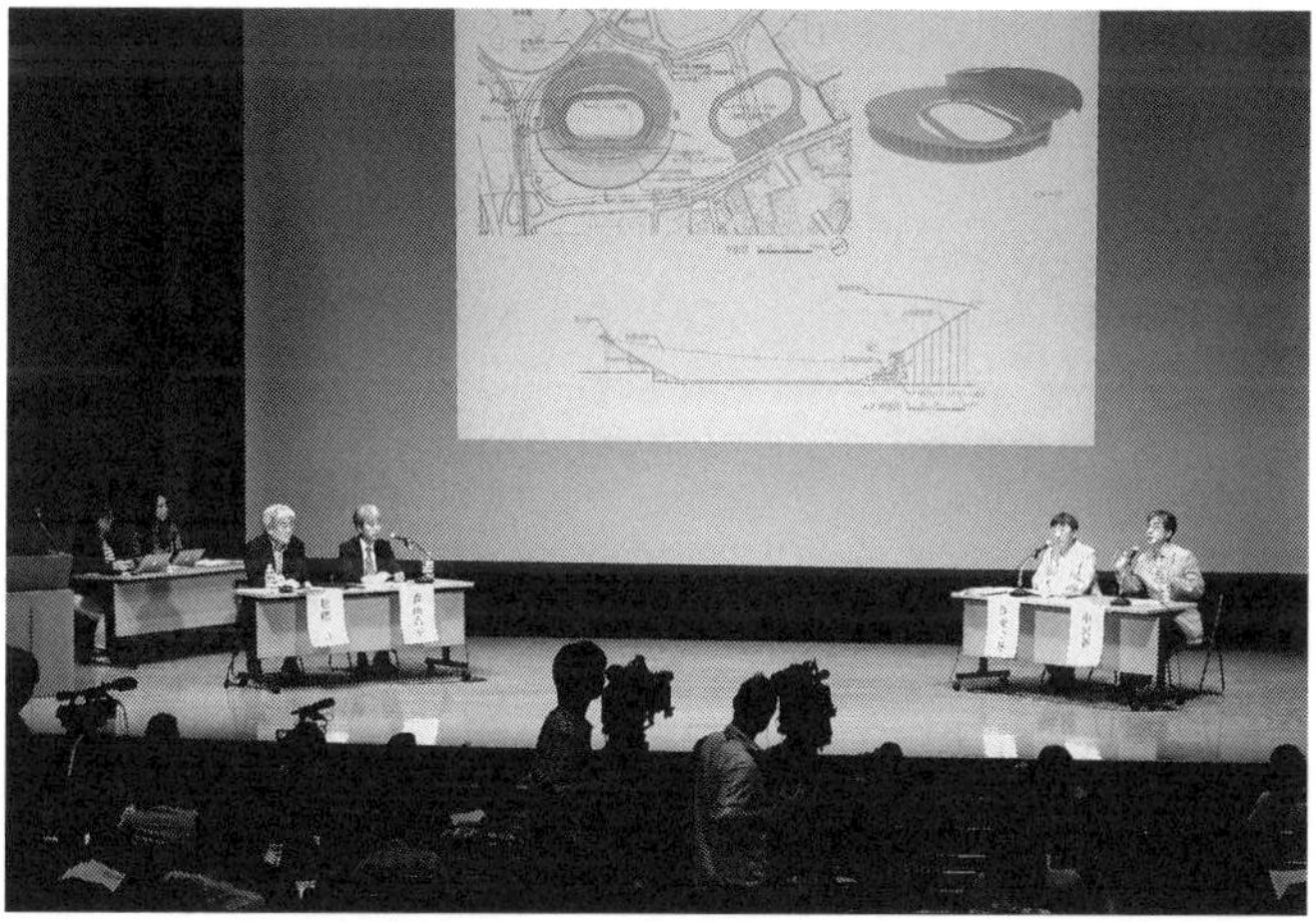

シンポジウム「新国立競技場のもう一つの可能性」（左から）松隈洋、森山高至、伊東豊雄、中沢新一（2014年５月12日、津田ホール）。撮影 齋藤さだむ

風を入れ、開閉式屋根の構造もシンプル、さまざまな工夫をこらしたという。

もとより伊東さんが高さ七〇メートル、八万人収容、建設費一三〇〇億円という募集要項の巨大スタジアムのコンクールに応募しながら、今、改修を提案することに批判もあったが、中沢さんは上手に伊東さんをかばった。伊東さんはスタンドに二段三段の席を重ねて八万人収容を可能にする改修案を発表。「時間もない今となっては改修がベストと思う。建設費もラフにいって半分に押さえられるだろう」と発言した。参加者は「もう時間がなくて変更は難しそう」から「もしかして九回二死満塁で逆転あるかも」と希望を持てるような雰囲気になった。

この日のイベントも各紙、各テレビ局が報道し、ネット中継の視聴者も四六〇〇名にのぼった。

五月、JSCは「SAYONARA国立競技場」というイベントを催し、しきりに解体を既成事実化しようとしていた。入場料一〇〇〇円のスタジアム・ツアーには人々が列をなした。それだけいまの国立競技場が壊されることに人々は愛惜の念をもっていたのである。国立の椅子はそのまま東北のスタジアムに持っていかれるという。オリンピックメダリストの有森裕子さんを招いて、その椅子はずしのイベントも派手に行なわれた。

五月十五日には、二月二十七日付の当会の公開質問状に対する回答が、JSCからようやく届いた。三月二十日を回答期限にしていたので、約二ヶ月遅れである。これも木で鼻を括ったような回答ばかり。「キール構造は雪の重みでたわむとの指摘があるが」という質問に対し「ご指摘の「雪の重み」のみならず、風や地震などあらゆる要因について、法基準などに従った安心・安全な大規模空間を形成すべく進めております」。「屋根の開閉にかかる時間と費用はどうなっているのか」についても「ただいま基本設計で精査中です」との答え。取りつく島がない。

収入の試算は五〇億円。そのうち会員シートの収入を以前より五億円、興行収入を三億円近く多く見積もっている。しかしゴールドパートナーとやらが毎年五億円も集まるのだろうか？　毎年一〇〇〇万も出してボックス席を買う人が六七人（社）もいるのだろうか。そもそも国民の税金を使ってつくられるスタジアムで、テロ対策上の貴賓室はともかく、通常の客に差を付けるということは許されるのだろうか？　このくるくる変わる数字の根拠は何か？　疑問は膨らむばかりである。

少なくともスタジアムを作って赤字になった場合は、税金ではなく、JSC役員の給料を削減して赤字を補填してください、と言うしかない。

JSCの回答は「面談による質疑応答については業務多忙のため対応できません」となっている。JSC新国立競技場設置本部長の山崎雅男氏は以前、電話で「市民団体と話し合うのは本業ではありませんから」と言ったのに、市民向けのみなとスポーツフォーラム「二〇一九年ラグビーワールドカップに向けて」（五月十五日）で講演した。

フォーラムに参加した仲間から、山崎氏が「まだ基本設計が出来ていない、検討中、ばかりで肩すかしだった」「今の国立は老朽化しており、耐震性がない、と発言していた」など報告があった。そうなら、JSC主催の「SAYONARA国立」スタジアム・ツアーや音楽イベントなどは、老朽化と耐震性のないスタジアムで観客の危険を顧みずに行なったことになる。

初めて知る面白い情報もあった。一九五八年のアジア大会開会式は五万五四二八人、増築して東京オリンピック開会式七万九三八三人、これは木の長椅子使用。一九八二年の早明戦は満員で六万六九八九人。現在はプラスチックの個別シートでそんなに入らない、とか。

このフォーラムで司会を務めたスポーツジャーナリストの松瀬学さんは、自身のフェイスブックで「つらい役回りでした」と述べ、「私は経験上、いいスタジアムの条件は三つ、①選手たちが使いやすい②観客が見やすい③運営サイドが運営しやすい（向こう五〇年のオペレーションを含む）ことだと思っています」と述べていた。たいへん真っ当な意見だと思う。JSC傘下にあった選手たちは引退後も率直かつ自由な意見をふつう述べないので、めずらしく新鮮に感じた。

五月十七、十八日に国立競技場で行なわれるはずだったポール・マッカートニーの来日公演は、本人が来日したものの、体調不良によりキャンセルとなった。雨が降らなくたって、中止になることはある。

五月二十五日にラグビー日本vs香港戦が行なわれ、これが国立でのスポーツの公式戦としては最終になった。四九対八で日本は二〇一五年ワールドカップ・イングランド大会出場を決めた。アジア地区予選を兼ねる試合であり、国立競技場の最終戦というのに、観衆は一万三〇〇〇人。平原綾香がホルストの「ジュピター」を歌う映像を見たが、客席はガラガラだ。昨年暮れの早明戦で松任谷由実が「ノーサイド」を歌ったときはほぼ満員だったのに。

五月二十八日には、音楽イベント「ジャパンナイト」に「ゆず」や「いきものがかり」が、翌二十九日は「ラルク・アン・シエル」が出演した。国立解体に向けて利用されるミュージシャンは、事情を知らないのだろうか。五月三十一日にはブルーインパルスなども飛行する派手なさよならイベントが行なわれた。入場料は一人一五〇〇円で、三万五〇〇〇人入場とか、いい商売だなあ。私はひとり千駄ヶ谷門でチラシをまき、行き交う人々は拒否もしないで受け取ってくれた。「もったいないわねえ」「まだ使えるのに」「僕にとっては思い出の場所です」

解体は七月から。その日は刻々とせまっていた。「国はやるといったことは必ずやる、戦争でも、ダムでも」。夫がインパール作戦で行方不明となり、徳山ダムに反対だけれども、反対運動よりも、ダムに沈む村の歴史を残そうと撮り続けた「カメラばあちゃん」こと増山たず子さんの言葉を思い出した。新国立競技場も国がやるといったからには解体は止められないのだろうか？

11　基本設計発表　反対のメッセージ

同じ五月、私たちはこの運動を海外にも広めようと、チェンジ・オーグの英語版を作った。賛同者は一万五〇〇〇人を超えつつあった。また建築家の鈴木エドワードさんは、独自に英文での賛同者集めと海外への発信を始めた。五月二十八日、当会からＩＯＣのバッハ会長宛てに出した手紙への返事が、やっと主席報道官のマーク・アダムス氏から来た。その返事とは「日本のオリンピック・パラリンピック組織委員会からはアジェンダ21を遵守した計画を進めていると聞いている。市民に異議があるなら組織委員会と話し合ってみてはどうか」というものだった。通り一遍の返事だが、これをたてに組織委員会に面談を働きかけることもできる。しかし内容には納得できなかったので、私たちの会は三十一日、再度、手紙を送った。

五月十七日に東京シティガイド協会で私は講演した。新国立競技場計画についても話したが、一二〇〇人の会員を保つこの団体は「すでに２０２０東京オリンピックのガイド予約もはいり始めている」とはりきっていた。このとき建築業界の方から、基本設計をしている人々がいかに過重労働をしているか、ザハ案の巨大キールの基礎が大江戸線とぶつかるのではないか、などの懸念も聞いた。こういう話は表に出てこないので、書き留めておきたい。この頃アゼルバイジャンにつづき、ソウルの東大門にザハ・ハディド氏設計のデザインセンターが完成間近、といっても工期は遅れ、建設費もかさみ、東大門の歴史的風景に合わず、近隣住民は光害に悩まされているという報道があった。

五月十八日。とてもいい経験をした。一九五八年築のいまの国立競技場建設に携わった技師、室崎正太郎さん、それに丹下健三事務所所属で代々木のオリンピック競技場の設計にかかわった神谷宏治さんのお話を聞くことができたのである。神谷さんも奇しくも東大で、槇文彦、沖塩荘一郎さんと同級生だった。

室崎さんは当時、早稲田を出た二十代の青年、「東大教授で戦前のオリンピックの競技場計画もなさった岸田日出刀《ひでと》さんが采配をふるい、私たちはとても自由に設計ができました。責任は岸田さんが取るから、と言ってくれましたし。仕事帰りに当時流行っていたトリスバーにいって、カクテルグラスのかたちから、今の競技場のデザインを思いついたりしたものです」

第二代競技場は工事を建設省が担当した。だから建設土木の専門家はたくさんいた。今回まったく国土交通省は関係していない。国交省の官僚たちにも聞いてみたが、皆冷ややかだ。「どうなっているんでしょうねえ」「個人的には改修でいいと思っていますが」「あんな巨大な新しいものを建てる時代じゃないですよ」とおっしゃる。

今回、岸田日出刀のような責任を取るボスもいない。文科省は新国立競技場に天下り先を期待しているのかもしれないが、事業そのものはＪＳＣに丸投げのようにみえる。そのＪＳＣに建築土木の専門家はどのくらいいるのか？　だからすべて諮問機関である有識者会議と、安藤忠雄氏を委員長とする審査委員会を頼りにするのだろうが、彼らが責任を取るとは思えない。さらにザハ氏がデザインしたものを日建設計などに設計してもらう、とすべてアウトソーシングして、誰も責任を取らなくなってしまう。最初から無責任の体系なのである。

前にも書いたが、このＪＳＣという組織を調べてみると一九五五年の日本学校給食会に発している。この団体が、学校スポーツの振興を司ることになり、さらにスポーツで怪我をしたときの保険、とだんだん事業範囲を広げ、国立競技場の管理運営や選手の育成事業もするようになったのである。しかしこれほど大きなスタジアムの企画、建設を、責任をもって担う力はあるのだろうか。

私は現在の国立競技場だって、神宮外苑にとっては大きすぎるし、高すぎると感じている。さらに言うと、東京オリンピックのための増築で、都道の上に一〇〇平米以上も突出してしまい、違法建築物であることは明らかだ。しかしＪＳＣがそれをもって壊す理由に麗々しくあげるのは筋違いだろう。今まで何十年も都に利用料を払うことで乗り切ってきたのもＪＳＣなのである。そしてトラッククレーンの数や突出部分は、ザハ案の持っている根本的な問題、費用、工期、技術的困難性などにくらべ、はるかに小さな、解決できる問題なのではないだろうか。

五月二十日。日本ナショナルトラストの理事会の帰り、旧知で元文化庁長官の川村恒明さんに新国立競技場の話を喫茶店で聞いてもらった。文部省出身で文化財にも見識を持つ、私の尊敬する方である。文化庁の文化審議会で長いことご一緒した。審議会では厳しい委員であったが、プライベートでお会いすると、ざっくばらんな応答はたいへんユーモアに満ちたものであった。

「今の競技場建設には当時、私もかかわっているから、愛着があるんだよ」。だから直して使いましょうよ。「でも耐震は大丈夫なの？　あの頃建てた建物は突貫工事で怪しいもんだよ」。それは調査済です。久米設計は七七七億で直せると言ってます。「反対するのが遅いなあ。もうそろそろ壊すことになってんでしょ」。壊したらたいへんです。ザハ案は構造が難しくて建たないと専門家は言っています。「そりゃあ、建つよ。丹下健三さんの代々木競技場、あんなややこしい構造のものもわれわれはあれで建つのか、と言ってたけど、ちゃんと建ったもの」。問題はJSCがオリンピック後を何も考えていないことです。「六四年のときも、誰もそのあとのことなんか考えてなかったよ」。JSCはともかく、文科省ではこのことが問題になっていないのでしょうか？「ザハに決まったから建てるしかない、と言ってたよ。でも東京都が都市計画審議会で否決するから大丈夫だ、と」。それがなんの意見も出さずに、高さ制限を外しちゃったんです。絵画館前の景色がめちゃくちゃです。それに一七〇〇億じゃ絶対建ちませんよ。「公共建築はだいたいそういうもんだ」。維持費も年間四五億ですよ。「そりゃひどい」。毎日たくさんの職員が使う都庁だって建設費は一五〇〇億。このスタジアムは年間三二〇日は使わないんですよ。「……そうか、森さんはこんなことやってるから最近、傑作を書かないんだな（笑）」。書いてますよ。この半年まったく仕事できませんけど。「いや、こういう保存運動こそあなたの仕事です」と言って、何人かのキーマンを紹介してくれた。

しかしなかなか「ザハ案が嫌いな」森喜朗組織委員会会長や、石原・猪瀬都知事とは違う路線を見せたいはずの舛添要一都知事など、政治の本丸へのパイプがつながらない。手紙を出したり、秘書に連絡したりしたが、政治家とは一市民が正攻法で申し込んでも会ってはくれないものなのだ。ある政治学者は「舛添さんは前の二人よりはずっと有能、現実主義者なのでムダな計画を見直すのではないか」と言っていたが、そのとおり、舛添知事になって、東京都は都の建設するオリンピック会場については相当の見直しを始めた。葛西臨海公園のカヌー・スラローム場も、住民の願い通り、公園の敷地を避けて建設されることになった。

五月二十一日、私たちは七月と目される「国立競技場の解体中止と改修検討を求める要望書」を内閣府、文科省、JSC、都知事宛てに郵送した。しかしこういうときもただ書面を送ったり、持っていくだけではなく、必ず記者会見をして私たちが何を主張しているか、メディアの情報を露出させ、世論形成をしていくべきだったと反省した。二日後の五月二十三日には、日本建築家協会も「現国立競技場の解体工事に着手しないことの要望書」を芦原太郎会長名で提出した。

五月二十八日。JSCは二九万平米を二二万平米に縮小した基本設計を発表。当初の巨大に見せ

新国立競技場ザハ案　基本設計案、2014年５月28日

たザハ案とは異なり、出来るだけ小さく見せようという俯瞰図が各新聞に載った。驚いた。この形状には、当初のザハ案のシャープさも、流線型のシルエットもない、言ってみればただの亀の子タワシであった。土鍋にも見えるし、人工地盤に漂うお椀の船にも、カーリングの玉のようにも見える。反対していた私たちですら、あっけにとられるような、凡庸なかたちになってしまっていた。

当初の一三〇〇億円が三〇〇〇億円かかるといわれ、ちびちびと切り詰めたのだろう、こんどは一六二五億円、というまた違う数字を出してきた。高さも七五メートルを五メートル低くした。しかしサブトラック問題はまったく解決されていない。都営アパート、明治公園、四季の庭には触れず。しかも消費税を五パーセントで計算してあった。その設計図は一見もっともらしく見えたが、これから実施設計と許認可、確認申請、さらに詳細設計、素材、色、インテリアなどまだまだ作業は続く。これで決まりというわけでもない。いったい誰がこのザハ案の巨大なお尻を拭くのか？

ある省庁の高官を務められた方にご意見を聞いたところ、

「いろいろ聞いて多少勉強してみると、森さんのご主張はきわめてもっとも、全面的に賛成ですが、同時に日本的な進め方ではもうすでに物理的に時間切れとなってしまっているように思われ、残念でなりません。もっとも、そんな弱気は小生のような過去官僚の意識のなせるわざかもしれませんね。森さんらしいやり方でこれからも活躍されること、心からお祈りしています」

官僚の中にもこういう見方のできる方もいることを銘記しておきたい。

この騒ぎのなか、五月二十九日には神楽坂キーストーン法律事務所で賛同者を増やそうと、手紙作戦をはじめた。それ以前から桐島洋子、長谷川公一、池田香代子、石井彰、安野光雅、松岡和子、津野海太郎、和田あき子、太田和彦、武谷なおみ、松山巌（順不同）といった方々が、さまざまな理由で賛同してくださっていた。

共同代表の日置圭子は神楽坂の町づくりをしているが、夫君の日置雅晴弁護士は景観問題に関する日本有数の法律家である。字のうまい圭子さんが宛名をどんどん書いた。そのお返事が続々届いた。池内紀、鹿島茂、奥本大三郎、進士五十八、林望、ロバート・キャンベル、養老孟司、中村敦夫、長田弘、山折哲雄、大村彦次郎、汐見稔幸、高山文彦、いとうせいこう、見城美枝子、出久根達郎、黒川創、近藤富枝、中村桂子、宮本憲一、加藤幸子、宇沢弘文、石田雄、加藤典洋、中川李枝子、色川大吉、椎名誠、大石芳野、芳賀徹、池内了、嵐山光三郎といった方々が賛同の返事を下さった。そのメッセージの一部を紹介したい。

前略、お手紙嬉しく拝見しました。その前にお送りくださったブックレットも拝見して大いに共鳴していたところでした。ザハという人の計画が初めて報道されたときから、地上に降りたUFOのような、東北の津波で町中に押し上げられた大型漁船のような、プラスティックの怪獣のような姿に驚き、呆れておりました。小生の好きな聖徳記念絵画館からの遠近法の景観が破壊されることも耐えられません。森さんたちの運動に大いに期待します。がんばってください。

（芳賀徹　東京大学名誉教授　明治神宮責任役員）

昔、昭和五年九月三日、青山北町五十九番地で生まれ、四歳の五月まで育ちました。聖徳記念絵画館、焼ける前の日本青年館（ここで催承喜《さいしょうき》の踊りを見た）、いずれも私の原風景みたいなものです。東京にはどこにもわたしの郷里はありません。辛うじてここの静謐がふるさとです。

（澤地久枝　作家）

東京オリンピックは最初から何もかも怪しかった。アレを実現することによってこんなふうにいたるところから、とにかく金儲けのための改造計画などが出て来て、東京はまた人も自然もめちゃく

ちゃになっていくのでしょう。この新国立競技場作りに反対します。（椎名誠　作家）

ご要請のメッセージ、並びに資料など拝見しました。現国立競技場は私にとっても懐かしい場所であり（学徒出陣壮行式からオリンピックまで）、「解体中止、外苑の景観を守ろう、現競技場を直して使おう」の三点に賛同致します。なおＪＳＣのような官僚的体質を持つ組織の解体、ないし抜本的刷新を要求します。ご努力に深謝しつつ。（色川大吉　歴史家　東京経済大学名誉教授）

二〇二〇年の東京オリンピックに向けて新国立競技場を新築しようという案に反対の声を上げていただき感謝して居ります。現在の競技場を改修して使い続けることに賛成します。一流の建築家の方々が技術的に改修可能だと発言して居られます。旧競技場の解体中止、神宮外苑の景観の維持に心から賛同致します。巨大な規模の競技場ではなく、人々に愛され、利用される競技場が必要と考えます。今は原発の処理、大震災後の罹災者、市町村の社会の立て直しに知力、資力、資材を最大限に生かすべき時と考えて居ります。（宇沢弘文　東京大学名誉教授）

風致地区制度は公園を軽視していた政治の中で何とか都市の緑を保全しようという造園行政の先人たちが考案した自然系アメニティゾーン、ほぼ準公園です。森さんはじめ都民の皆さんがこの価値に注目してくださって感謝しています。造園家として私自身意見を申し上げていますが、環境の世紀のオリンピックは負荷の少ない仮設でやるのが、最先端と考えます。（現競技場の）リフォームか、

海の森で（仮設で）す。（進士五十八　造園学者）

神宮外苑は東京の貴重な森です。そもそもは明治天皇が崩御された翌年に澁澤栄一はじめ民間の有志が協力して造った公園です。そこに八〇年代バブルの土建国家以上の、八万人収容の競技場を立て、外苑の樹木をつぶしてしまうことは国家的損失となる。わずか「オリンピックの一七日」のために神宮の森をつぶしてはいけない。この施設ができると東京体育館と国立競技場とのあいだの外苑西通りに沿った公園はほとんど消滅します。（嵐山光三郎　編集者・作家・エッセイスト）

巨大なるゴキブリを退治せよ。この醜悪で過剰な新競技場の建設計画の背後には、なにやら後ろ暗い利権屋たちが暗躍しているように思われます。これだけ多くの見識ある方々が、きちんと理を説いて反対しているのに、「引き返す勇気」などどこかに捨ててしまった心根の当事者たちが、ただただ闇雲にあのハディド案なる馬鹿げた建物を推進しようとしているのは、畢竟、「引き返さない利権」の味なのでありましょう。そういう前近代的な意識はきれいに清算して、いま私たちが何をなすべきなのかを、もう一度、一からきちんと考えなおしてもらいたいのです。あの巨大なゴキブリのような醜悪極まる建物が、美しい明治の森を蹂躙する図は、あの桂離宮などを生み出した日本人の、そしてまた能楽や茶道で世界に影響を与えてきた日本人の、芸術的アイデンティティの放棄です。（林望　作家・日本文学者）

国立競技場の○解体中止、○神宮外苑の景観を守ろう。○今の競技場を直して使おう　強く賛同します。新計画案は21世紀の、人間を食うオバケですね。（池内紀　ドイツ文学者・エッセイスト）

小生はもともと二〇二〇年の東京オリンピックの開催に反対でしたから、大規模な予算がかかり、神宮の景観を壊す新国立競技場の建設にはなおさら反対です。森さん、頑張ってください。声援します。（大村彦次郎　作家・編集者）

賛同します。もう大きくならなくてもいいと思います。新しくなくともいいと思います。それが一番新しい私たちのメッセージになるのだと思います。（加藤典洋　文芸評論家）

賛同致します。庶民の良識をないがしろにしないでほしい。（中川李枝子　子どもの本の作家）

実際に、南三陸町などでも、住宅の建設単価が坪五五万円から六〇万円になっているそうです（震災前は仙台でも、坪二五万円から三〇万円だったのです。しかも○○ホームのような安っぽい、見かけだけの住宅で）。被災者が浮き足立っていて気の毒です。被災地から私も、日本の「底の浅さ」「はりぼて文化」を痛感しています。（長谷川公一　東北大学大学院文学研究科教授　環境社会学）

「新国立競技場への異議」。声をあげて下さってありがとうございます。槇文彦さんの論文、それを受けてのシンポジウム、岩波ブックレットで出されている考え方すべて、共有します。子供時代を四谷で過したものですから神宮外苑は、日常なじみの場であり、大好きなところです。東京という街を考えた時、今回の建築をよしとした専門家のセンスを疑うというのが個人的な気持ですが、それを越えて、歴史、街並み、環境、経費、法律問題などあらゆる面から見て皆さま御指摘のことすべてその通りと思います。それにしてもなぜこのようなことが起きるのでしょう。この問題以外にも、人間味に欠ける傍若無人としか言いようのない言動が次々と現われることを恐ろしく感じています。（中村桂子　生命誌研究者）

わざわざ私にまで呼びかけをしていただいて、ありがとうございます。もうだいぶ前から日本人であることが恥ずかしくて、今回の件で極まった感がありました。喜んで賛同させていただきます。

（高山文彦　ノンフィクション作家）

お元気にご活躍されている由、嬉しく存じました。私は元々オリンピックには反対の気持ちでした。水辺も多く、緑深く、古くて良い建物が普通に沢山のこされている東京が一変するだろうと信じていたからです。ご主旨に賛同させていただきます。私の好きな東京を残してください。

（加藤幸子　作家）

賛同いたします。新国立競技場は二十一世紀のモアイ像になる恐れ大です。

（鹿島茂　明治大学教授　フランス文学）

森まゆみさんの詩に感動しました。あんな詩を即座に作れるとは感激です。私は神宮前6丁目に永く住んでいたので、問題の地周辺はとても懐かしく、また、神宮外苑の並木と絵画館を遠望しながら走る都電（10番）で毎日大学へ通っていました。あの景観は絶対に保存しておいてほしいです。

（森美樹　弁護士　神戸市）

東京で生まれた都民です。東京の景観を、これ以上壊さないでほしい。待機児童が増え、お年寄りが都の外の各県の施設に行かざるをえないいまの東京で、競技場にこれほどの予算を使うことにも危機感をおぼえます。東京に住んでいる人の目で、東京という都市の発展を考えてほしいと思います。（竹信三恵子　和光大学教授）

私は福島原発事故、東日本大震災がまったく解決できない状況の下でオリンピックを開くことに絶対反対です。オリンピックは一時的なものですから、終了後もその都市の環境として維持できるように計画しなければならず、これがアジェンダの考えと思います。新国立競技場の建設には反対です。（宮本憲一　大阪市立大学名誉教授　滋賀大学名誉教授）

お申し越しの三点に賛同します。オリンピックは大震災のどさくさまぎれにバブルの亡霊が出ます。

許せないと思っています。（奥本大三郎　フランス文学者　埼玉大学名誉教授）

とんでもない酷い日本になってきました。オリンピック・パラリンピックのメインスタジアムの設計は今日、私たちに示されているものはその代表の一つとなっています。内密に事を運ぼうとするこのようなやり方はとりわけ現政権の特徴です。都民としては声を挙げずにはいられません。いっしょにやっていきましょう。（大石芳野　フォトジャーナリスト）

そもそもオリンピックがお金のためになっているのが変じゃないですか？　若い人が一生懸命にやっているのを邪魔する気はないんですが、競技場建設で見栄をはる必要はないと思います。

（養老孟司　解剖学者）

浪費文明は醜悪です。（中村敦夫　俳優　作家）

森さん、がんばって！　都市は次第にみにくくなっています。ことに東京の町並みにはエロスが感じられません。理由は簡単です。個別の施設にのみ注意を注ぎ、それをデカくすること、それで人間を驚かそうとするだけで、全体が作り出す美しさとか、落ち着きとかいやしとかに誰も注目しなくなったからです。都市は人工的空間です。常に全体を考えて構想すべきです。いいかげんに気づいてほしいと思います。（汐見稔幸　白梅学園大学学長　東京大学名誉教授　教育学）

新国立競技場新築案に反対します。①デザインが美しくない（鯨が現れたようです）②維持費が高すぎる。目下、私たち市民は物価の高いのに苦しんでいます。これ以上、税金を高くしないでください。（近藤富枝　作家　王朝継ぎ紙継承者）

新国立競技場建設に反対します。政治やさんたちに食い物にされるのは目に見えています。（出久根達郎　小説家）

こういう本当の有識者と言える人々の貴重な意見も、まったく文科省やＪＳＣには聞かれなかった。日本の行政や政治家は安倍首相をはじめ、「国民の皆さんに説明する」「理解を得る」と一方的に言うだけで、けっして国民の意見を聞き、考えを変えることはない。

この基本設計発表の頃から、この問題をあまり報道してこなかったマスメディアが、しきりと論評しはじめた。

朝日新聞は「立ち止まり議論し直せ」のタイトルで、「景観や経費への疑問はもっとも。有識者会議のメンバーや議事録も公開されていない」とし、「二十一世紀の五輪にふさわしい競技場のあり方を、オープンに議論すべきだ」と主張した（五月二十五日）。

毎日新聞は「一体いくらかかるのか」の題。総工費も完成後の収支も心配だ、という。有識者会議のメンバーからも「専門家に対してしっかりと説明してほしい」などの声が出ているし、「デザインや規模について、まだまだ考え直すべきだ」と書いた（六月一日）。

日本経済新聞は「ゴール急ぐな新競技場づくり」と題して巨大さと巨額、甘い見通しを指摘し、ラグビーでなく東京五輪に間に合わせることを目標に一年間を情報公開と徹底した議論に当ててはどうか、と提案している。「気づくと日本橋を高速道が覆っていた。その愚は繰り返せない」と（六月一日）。

六月四日には、日本経済新聞がインターネットでのアンケート結果を発表。それによると、国立競技場を新築でなく、改修に賛成する人は六〇パーセントを超える。総工費を高いと思う人も七一パーセント以上いる。現在のデザインを嫌いという人は四九パーセント、かっこいい、と思う人は一八パーセントしかいない。

報道が半年遅い。とはいえこのメディアの見直し気運は心強かった。そこで六月九日、私たちはこうした結果や著名な賛同者の名前も入れた新しいチラシを作った。題して「国立競技場を壊したくない10の理由」（巻末「資料4」に一部収録）。

六月十日、「解体延期の要望書」をもって、文科省、東京都オリパラ準備局、ＪＳＣなどを回り、ＪＳＣでは鬼澤理事と短い時間だが面談もできた。そこではじめて七月の解体を目指しての業者の入札が不調に終わったことを聞く。「皆さんのご要望の通りになりましたよ」。また同日、六月十五日に開くシンポジウム後のデモンストレーションのために横断幕を作ることになり、チェンジ・オーグへのコメントなどからたくさんのキャッチコピーを考えた。「子々孫々の恥さらし」「スタジアムでコンサートしなくても」「たった二週間のための壮大な無駄遣い」「too big, too costly」。全然採用されなかったけど。

六月十二日にはいよいよサッカーワールドカップのリオデジャネイロ大会が始まり、メディアはまたしても熱狂一色になった。それ以前はリオの治安も案じられ、そしてワールドカップより教育や福祉に金を回せという住民の訴えはデモにも発展し、どうなることかと人ごとではなかったが、そうした民意を押し切って、粛々と大会は運営された。リオでは二〇一六年のオリンピックも招致が決まっているので、ことのほか注目される。

六月十三日には外国人記者クラブで「東京大惨事を回避するには——国立競技場問題の解決策」というスピーチがあった。大野秀敏、原科幸彦、鈴木エドワード、森山高至、そして当会の清水伸子が登壇。この問題もよく知られてきたせいか、記者たちからはいい質問もたくさん出た。同じ日、都営霞ヶ丘アパートに住む住民を対象の説明会が開かれ、酒井美和子が参加した。彼女のレポートにあった住民の怒りや悲しみはＪＳＣの報告からはまったく抜け落ちていた。

毎日一〇〇以上のメールを処理していた。頭を冷やさなければ。ちょうど九州大学の友人、建築

ヘルシンキで出会ったカンピ礼拝堂、静寂の内部空間　著者撮影

史家の藤原恵洋から次のようなメールが来た。

今なさねばならないことは、私たちがともに生き合う日本の哲学の再構築だと思うのですが、そうしたことを共感しあえる人々がわずかにゆるやかな連帯を育んでいったことが、とてもたいせつだったと思います。

政権が主導する経済のよみがえり神話には、新たな偶像やポトラッチ的なモニュメントの創出が必要なのでしょうね。偶像デザイナーとしてのザハは都合の良い神の使者かもしれません。

歴史的建造物を地道に調べ地道に評価し、そして半分以上が守れずに幾度となく敗北を味わってきた者にとっては、戦後ヘルシンキの競技場や戦前期ベルリンの競技場の生かし方や創造的再生が懐かしく思い出されます。私見に過ぎませんが、この復興日本におけるエンパワーメントのありかたやスポーツ競技の社会的意義が大きな転換点を迎えており、より大きく、より早く、より高く、ではなく、きわめて内省的なデザインを生み出していく時代なのではないかと思うのです。

このメールで私は被災地の子どもたちの引率で訪れたヘルシンキで出会った一つの建物、カンピ礼拝堂を思い出した。そこはショッピングセンターのただなかにある、小さな卵型の木造の建物。入ると町中の喧噪は突然聞こえなくなる。祈る人のためにも、足の疲れた旅行者にも、ほっと一息つき、来し方行く末を考えることのできる、美しくつつましい空間であった。

12　環境問題、とくにヒートアイランド

さて、いままで景観、建築、工費と維持費、スポーツなどは検討したが、まだ一度も話し合われていないのは環境問題。私はそのシンポを計画し、古くからの自然保全の仲間を集め「手わたす会」に環境部会を組織した。そして六月十五日、環境問題のシンポジウムを同じ建築家会館で行なうことにした。そのために「環境アセスメント」の第一人者、ＩＡＩＡ（国際影響評価学会）元会長、原科幸彦さん（千葉商科大学教授）に五月二十九日に会いにいった。なかなか連絡が取れなかったのはメールアドレスが間違っていたようなのだ。原科さんはあっという間に私たちの話を飲み込んでくれた。

「アメリカでは開発行為については年間六―九万件、中国では三二万件の環境アセスメントをやっているのに、日本では一年にほんの七〇件、計画が決まってからつじつまを合わせるだけ。まるでアリバイだ。これを環境アワセメントというのです」「単に環境評価だけでなく、文化的・社会的評価もするべきです」。そのうえで、私たちに「これを変えるのは外圧しかない。愛知万博のと

き海上《かいしょ》の森を守った運動の経験で言うと、日本人の署名十万人集めてもダメ、IOCを動かすしかない」「なぜIOCの本拠地、スイスのローザンヌに乗り込んでロビー活動を繰り広げないのか」とさえ言われた。IOC会長宛てにすでに当会から英語で手紙を出したことを伝えると、「僕からもすぐ書きましょう」ということになった（六月五日付発信）。

シンポジウム「神宮の森から新国立競技場を考える」を開催した六月十五日は日曜日。顔合わせをしてみて、今日の登壇者は槇文彦、原科幸彦、大澤昭彦、三上岳彦と五人のうち四人まで彦の字がついていた。もう一人は森山高至さん。

槇文彦さんは超多忙ななか、来て下さって、現行計画を建てると景観がどんなに変わるかをCGを駆使して説明した。それによると、外苑西通りは人工地盤にそって、まるで高速道路の下のように薄暗くて危険な空間となるだろう。いろんなところから宇宙船のようなスタジアムののっぺりした白い壁が立ちはだかるだろう。それは東京ドームができたときに私が経験したことである。本郷の壱岐坂を降りると正面に真っ白なドームの屋根が視界を侵襲する。それに慣れるのに時間がかかったが、神宮外苑ではその比ではない。槇さんは大きな公共建築を設計している方なのに、いつも歩く人間の目の高さから形や風景を考えている。これを松隈洋さんは「散歩者の思想」と言い「森さんと同じだね」と言う。槇さんはいつか、「お寿司なら上から見た目でいい、鮨を横から見る必要はないでしょう。でも競技場はそうはいかない」と言われた。この比喩も妙に心に残り、私はお

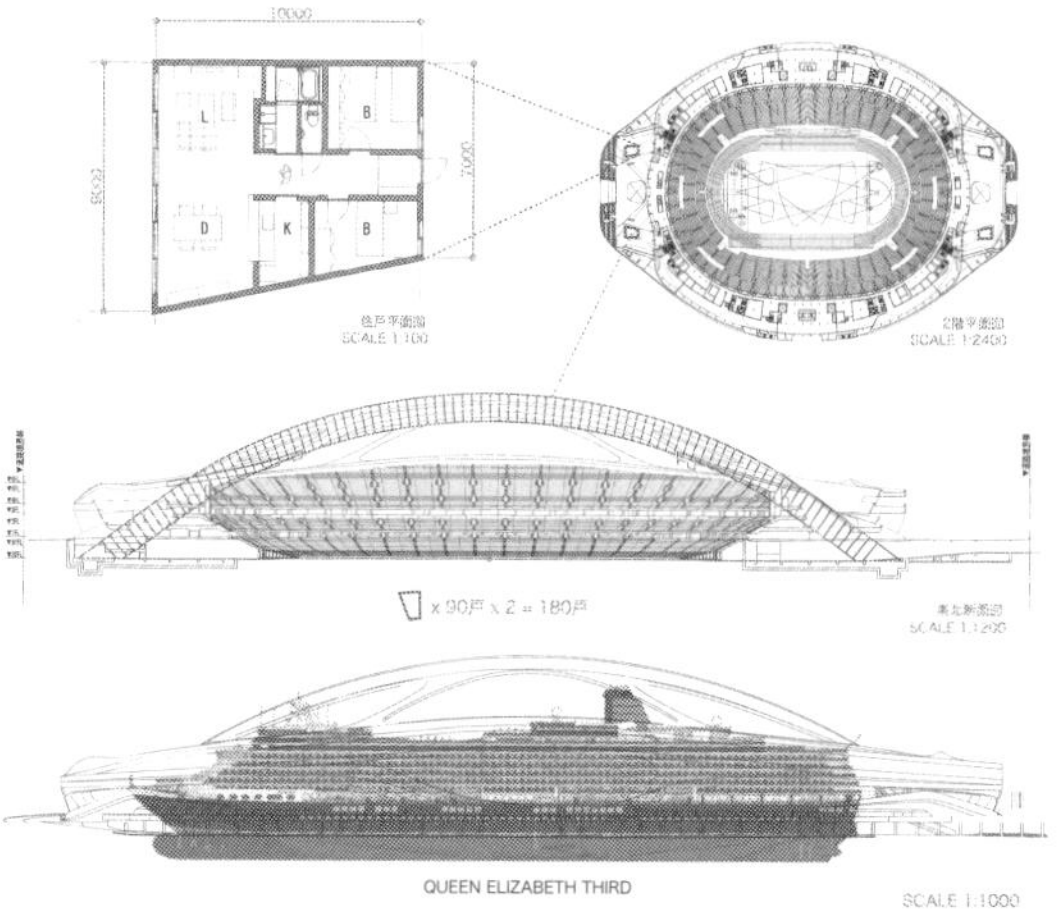

キールアーチの断面が2LDKの住戸に相当することを示す図（上）　新国立競技場の断面図（中）　新国立競技場の大きさが客船クイーン・エリザベス号に相当することを示す図（下）

外苑西通りから見た新国立競技場と人工地盤のシミュレーション図
上図とも2014年6月15日のシンポジウムで槇文彦さんが発表された資料より

寿司をつまんでしげしげと横から眺めてみた。穴子鮨はちょっと当初のザハ案に似てるかも。

森山高至さんはベルリンやバルセロナ、世界のスタジアムがどれほど改修で使いやすく、素敵になったかの事例報告をした。東工大の大澤昭彦さんは若手の都市計画研究者で、高さ制限で博士論文を書かれたそうで、初めて神宮外苑の高度制限について包括的な理解を授けた。原科さんの話は具体的でユーモアがあり、明るかった（この辺は当会ホームページの動画をどうぞ）。

三上岳彦さんは首都大学名誉教授・帝京大教授、都心のヒートアイランド現象を、自分でデータを取りながら調べている。皇居、新宿御苑、東宮御所、神宮外苑、内苑の緑地があることによって、夜になると冷気のしみ出す様子、クールアイランド効果を実証的に示し、説得力があった。そこに新国立競技場というガラス張りの巨大な温室ができるとどうなるのだろうか？

今回のオリンピックは一九六四年のような気候のいい秋に行なわれるのではない。アメリカのNBCなどの放送時期と時間をにらんで、湿った温帯モンスーン気候の猛暑のさなか、七月末から八月にかけて催されるのである。開会式も閉会式もどうやって暑さをしのぎ、風を通わせるか。開閉式屋根を閉じて冷房フル稼働ということになるのではあるまいか。

この日、参加者は勉強会のあと、一〇〇人ほどで横断幕を持ち、国立競技場から霞ヶ丘アパート、明治公園、日本青年館、聖徳記念絵画館などを歩いた。

今思えば、五月、六月は要望書、抗議文、陳情、手紙を書く毎日であった。そしてメディアの報道も多く、運動がいちばん盛り上がりを見せ、「もしかすると世論の力で解体をストップできるかもしれない」とあわい期待をいだいた時期であった。

六月後半もやることが山積していた。メーリスの返信には「アイアイサー」とか「らじゃー」なんて書いてあったりして爆笑。「わかった。やっとく」という頼もしい仲間たちだ。「なるはや！」というものもある。「なるべく早く仕事します」の略。

六月二十三日には東京都知事宛てに「新国立競技場に都民の税金を使わないように要望いたします」を送った。

東京大学による現国立競技場のコンクリート強度調査が始まり、結果が解体の口実に使われるのではないか、と危惧された。いままでもそうしたことはあった。しかしこれは一九五八（昭和三十三）年の高炉セメントの寿命を調べる、純粋な学術調査だということがわかった。

四〇億円という解体費に対する解体業者の疑義も聞いた。「現競技場には何千本もの鉄杭が埋まっている。そのすべてを引き抜くとしたら、とうていこの金額では引き受ける業者はいないだろう」というのだ。

『世界』八月号では、原科幸彦教授（環境アセスメント）、鈴木知幸さん（スポーツ行政）、私の鼎談が行なわれた。鈴木さんは「スタジアムで四六億も維持費がかかる例は知らない。しかしJSCはtotoの収益の五パーセントをJSCに入れてよい法律を通し、やがて一〇パーセントに引き上げる打出の小槌を持っている」と発言。totoは国民のスポーツ振興を目的に創設されたものなのに、箱モノの維持費に使っていいのか。原科さんは、「オリンピック施設なんだから国際水準の環境アセスメントをせよと迫るべきだ。環境アセスがすまないうちに解体だなんてとんでもない」と述べた。

鈴木知幸さんはこうも言う。「前回のロンドン・オリンピックはセバスチャン・コーが大会組織委員長だった。彼は中距離の陸上選手で、ソ連のアフガニスタン侵攻に抗議して西側諸国がボイコットした一九八〇年のモスクワ・オリンピック（初の共産圏開催）に乗り込み、一五〇〇メートルで金メダル、八〇〇メートルで銅メダルを獲得、五輪旗と五輪歌で表彰式に臨んだ。帰国したコーは英雄として歓迎された。彼は国会議員も務め、一代男爵だ。こういう実力があり、見識の高い若手のアスリートが日本にはいない」。モスクワ大会にはもちろんアメリカと歩調を合わせ、日本は不参加である。

コーを調べてみると、一九五六年生まれ、写真を見ると若々しくかっこいい。コーはロンドン・オリンピックの前に来日、「二〇二〇年に東京に招致するには、なぜオリンピック招致を希望するのか、どのようにそれを実現できるのか、を説明し、そのレガシーをどう引き継ぐのかもはっきりさせなければならない」と言ったが、日本ではそれがまったく定かではない。二〇二〇年のオリ・パラ組織委員会会長はオリンピック時には八十三歳の森喜朗氏である。この彼我の違いは残念なことだ。IOCのバッハ会長も一九五六年生まれ、フェンシングのオリンピック選手で弁護士だ。

鈴木知幸さんは「為末君は勇気あるね」とも言った。このときすでに元陸上選手の為末大さんは計画への疑問を表明していた。

六月二十五日。私の書いた原稿が朝日新聞に載った。紙面の都合で大幅に短くなったが、記事全文をあげておく。

引き返す勇気を持とう——環境アジェンダ違反「もったいない」で改修

オリンピック憲章がいわば憲法なら、環境法に当たるのが「オリンピックムーブメンツ・アジェンダ21」だ。国際オリンピック委員会（IOC）がリオの地球サミットをふまえ一九九九年に採択した。いま新国立競技場の建て替えに多くの批判が出ている。ザハ・ハディド案を選んだコンクールの審査員たちは、このアジェンダを知らなかったのではないか？

アジェンダいわく、施設は「地域にある制限条項に従わねばならず、また、まわりの自然や景観を損なうことなく設計されなければならない」。神宮外苑は一五メートルの高さ制限のある風致地区だ。現競技場ですら高さ二九メートルで超えていたが、日本スポーツ振興センター（JSC）は、これを大幅に超える七〇メートルまで良いとして、建て替え案を募集した。このこと自体、アジェンダ違反である。

もともとアジェンダは「既存の競技施設をできる限り最大限活用」することを求めている。事業主体のJSCは二〇一一年、久米設計に七七七億円で改修可能とする案を出させながら、公表せず、握りつぶした。

五月末に基本計画が発表されたが、神宮外苑の木を切り、公園を潰し、都営住宅の人々を移転させ、重要文化財聖徳記念絵画館の左上に大きくそびえて景観を破壊するものである。情報公開、弱者への配慮、利害関係者との協議・協調もアジェンダの求めるところであり、「持続可能な開発」の原則はそれなくしては不可能だ。

アジェンダはまた、「廃棄物の量は少なく」することや「再生可能資材の利用」を奨励するが、現競技場を解体すれば大量の廃棄物が出ることは間違いない。IOCはこれだけアジェンダを蹂躙する現計画を認めるのか？　そうであれば輝かしいオリンピックの歴史に汚点を残すことになるだろう。

引き返す勇気を持とう。ザハ案を白紙撤回しよう。一九六四年五輪の思い出の詰まった競技場を美しく、使いやすく改修して次の五輪を迎えたい。八万人収容に増やすこともできるし、耐震補強からトイレ、エレベーター、レストランの増設、最新メディア対応まで改修で可能だと、伊東豊雄さんはじめベテランの建築家は言っている。あるいは高さを押さえたシンプルな競技場の新築だって選択肢に入ってくる。

さらに、帝京大学の三上岳彦教授（都市気候学）は「神宮、新宿御苑、東宮御所などの都心の緑がヒートアイランド化を防ぐ南風の道となっている」という。そこに「巨大な温室」をおくことは避けなければならない。招致都市の都には環境アセスメントの厳格遂行をのぞみたい。本格的な環境アセスがおわらないうちに事業に着手してはならず、解体は中止するのが当然だろう。

二十世紀的な国威発揚のための重厚長大な建物を造るより、環境に配慮したシンプルさこそ、先進国に求められるものだろう。それこそレガシー（遺産）を尊重し、日本の「もったいない」の気質を、環境時代に舵を切る姿勢を世界に発信することこそ、尊敬される道ではないか。

同日、朝日新聞に社説「東京五輪計画――スポーツの未来図を」が出た。東京新聞は「手わたす会」への賛同者のメッセージを紹介し、美術家・会田誠氏の改修賛成意見も大きく載せた。この日、JSCは第一回解体入札が不調に終わったため、国立競技場解体工事の入札再公告。予定価格は非公開、七月十七日に開札、工期は十月十九日まで延長ということになった。

この日急に、「2020オリンピック・パラリンピックを考える都民の会」より、来日中のIOC調整委員とのアポイントが取れたとお誘いがあり、英語の堪能な当会の清水伸子が駆けつけた。マーク・アダムス主席報道官とは友好的な話し合いがもたれ、彼は「われわれが責任があるのは競技についてであって、施設は国や自治体に責任がある」「オリンピックに都市を合わせるのではなく、都市にオリンピックを合わせる」「われわれもメガスタジアムは必要ないと思う」とイイコトを言いながらも、「ゲームはIOCが、施設は開催国が責任を持つ」と逃げ切ったそうだ。「ロビー活動をするなら今ですよ」とも知恵を授けてくれたそうな。

なんというめまぐるしい一日だったことだろう。

翌六月二十六日には、大野秀敏東大教授が国立競技場の改修案を発表した。これは洋梨のような形をしていて、オリンピック後にはダウンサイジングできるように計画されていた。

六月三十日にも報道。「負の遺産にならない五輪計画に改めよ」（日本経済新聞社説）「将来像に疑問続出」（京都新聞）。一刻も早く森喜朗組織委員会会長が考えを変えるか、安藤忠雄さんが「わしが間違うとった」と言って白紙に戻すかしてくれないか。私たちはこの頃まだ、このお二人が名誉ある撤退を表明すれば賞賛するつもりでいた。槇文彦さんではないが、この問題には勝者も敗者もいないのだから。

七月五日。アーキネットの織山和久さん、建築家の山本圭介さん、北山恒さんなど「みんな」が企画した「国立さんを囲む会」が行なわれた。

勉強会だけでなく、街頭で市民に見える活動をしたいと思って何度か企画したのだが、やはりその余裕がなくて見送ってきた。私たちはこの「囲む会」を告知し、参加した。三々五々、午後の三時に現場に集まった参加者たちは赤い風船を手に、手をつないで輪を作って国立競技場を囲んだ。参加者は五〇〇人くらいいたが、「国立さん」はすでに解体を前に、外周が塀に囲まれているためもあって、囲みきるにはいたらなかった。「誰でも、楽しく、のんびりと　拡声器を使わない。党派性を超える。事故のないようにゆっくり歩く。スマホで『デイ・ドリーム・ビリーバー』を鳴らして」というメールがまわってきた。この曲は中学生の頃はやったモンキーズの歌だ。仲良く暮らしていた彼女が亡くなって、いま写真の中にいる……。国立競技場を彼女ととらえ、いなくなった喪失感を歌で感じようってわけだね。

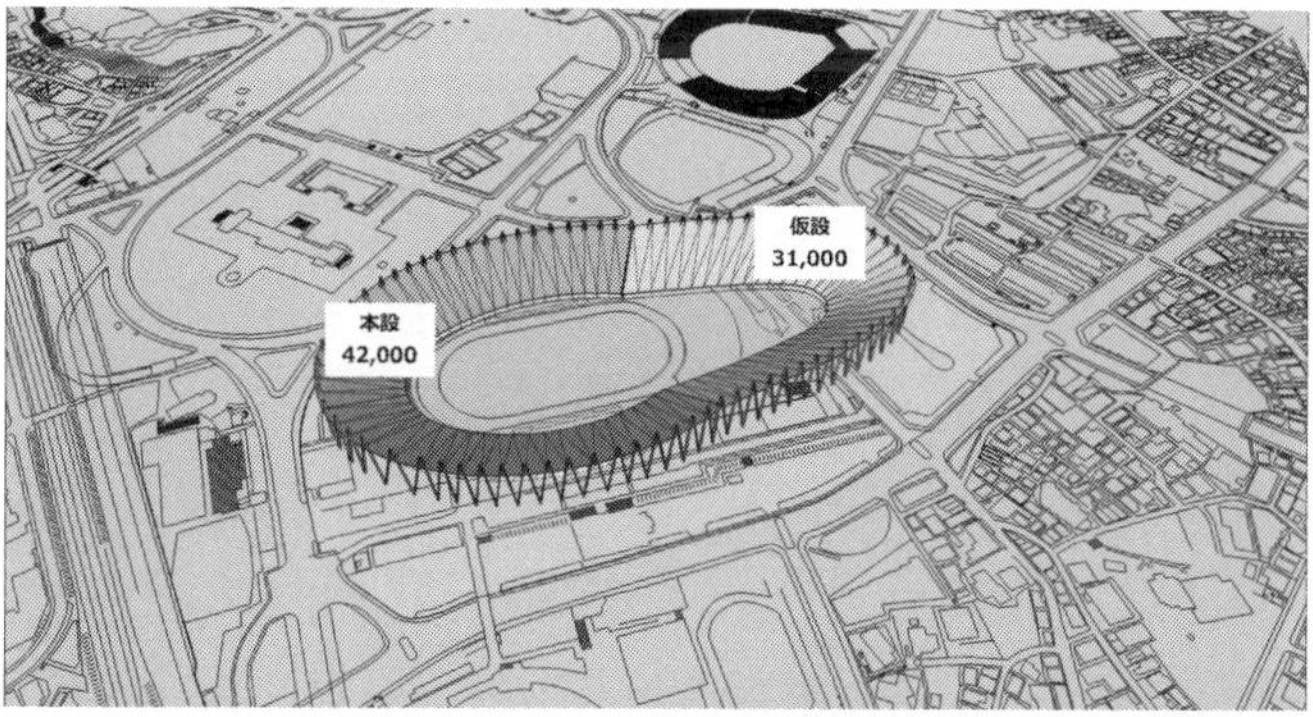

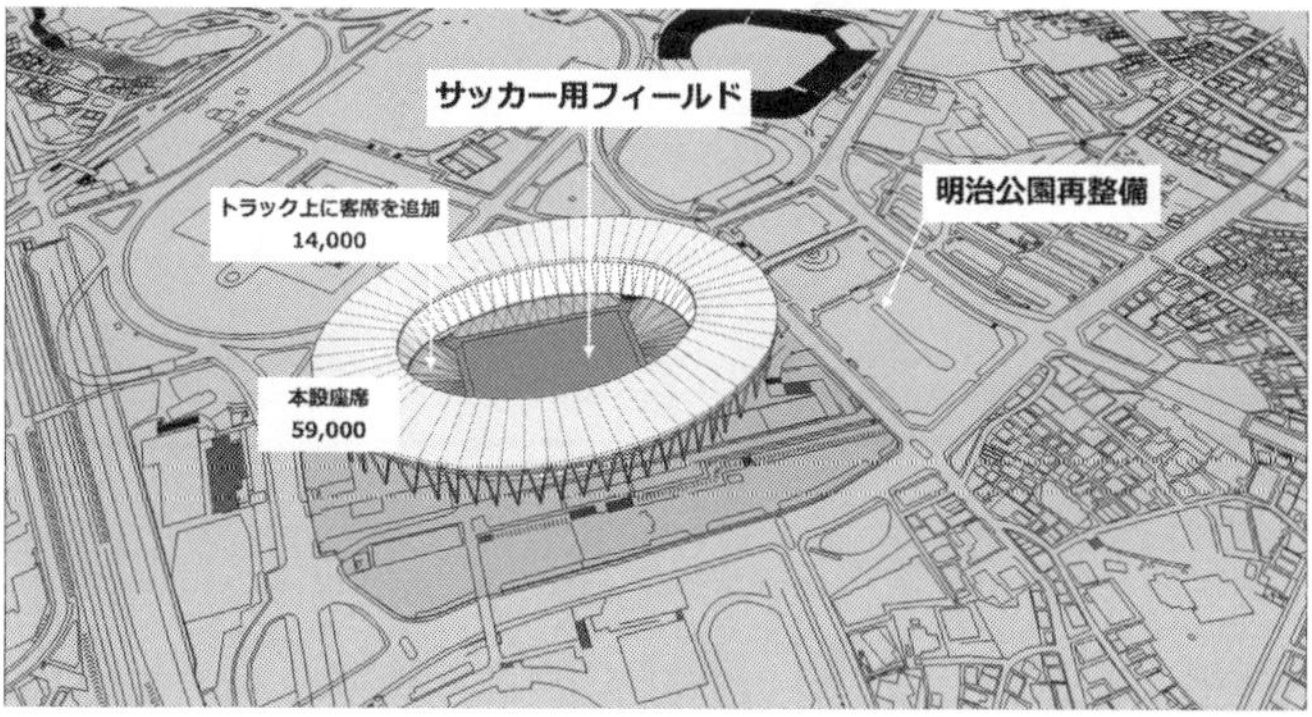

国立競技場　大野秀敏改修案より（2014年 6 月25日）

（上）南側敷地への仮設席による拡張　オリンピック時仮設も含めて73000席、観客席には屋根を掛けてもよい
（下）オリンピック後、減築して、サッカー専用場として利用する場合73000席。陸上専用と考えた場合59000席。明治公園のところにサブトラックを設ける。高さ35メートル程度

最後に明治公園で、新国立の高さ七〇メートルを示す風船がたくさんあげられた。新しいタイプの静かな示威行動だった。『ワシントン・ポスト』でも報道され、勉強会も大事だが、目に見える街頭活動の重要さを知った。

その日、友人のホース・インストラクター寄田勝彦さんにお願いして、埼玉からアズール君という大きな馬と馬車を運び、国立競技場のまわりを賛同者や地元住民、家族連れなどを乗せて十数回回ってもらった。乗った人はみな「気持ちいい」「目の高さが違う」と喜ぶ。馬車には「神宮外苑の青い空を守ろう」「ストップ解体」など当会の横断幕も付けられ、由布院から友人の馭者、若い佐藤宏信君も日帰りで手伝いに来てくれた。「由布院温泉は森の中の保養温泉にしたらいい」と言ったのは、明治神宮の森を作った林学者・本多静六博士、そのご縁だ。馬や馬車が東京の市街を走っても何ら法律には触れないということを知った。馬車は神宮の森によく似合った。

賛同者からは「法的手段に訴えるべきだ」といった意見も来た。もちろん「手わたす会」には法曹関係者もおり、いろいろ検討はしたのだが、「独立行政法人相手には住民監査請求のような行政訴訟はできない」「裁判をするには勝てる法的正当性が必要である」「解体されても闘い続ける原告が必要である」「事務所と裁判費用もかかる」「市民運動が盛り上がりを見せているなら裁判よりも運動を優先した方がいい」というのが、おおかたの意見であった。

七月七日。建設主体のＪＳＣは「専門家に説明が必要」という有識者会議の発言を踏まえ、日本建築家協会（ＪＩＡ）に申し入れ、意見交換会を開いた。安藤忠雄、内藤廣、都倉俊一各氏など有

「国立さんを囲む会」(2014年7月5日) 赤い風船を手に国立競技場を囲む人々(上) 賛同者や住民を乗せて国立競技場のまわりを走った馬車(下)

識者会議のメンバーやコンクールの審査委員も出席したという。しかしJIAから出席を要請された槇文彦、松隈洋氏らは「市民やマスコミに公開されなければ参加はできない。これでは説明責任を果たすことにならない」と欠席を決めた。彼らまでが出席すると、反対派にも説明した、というJSCのアリバイづくりに使われるだろう。

案の定、「意見交換会」だったはずなのに、安藤忠雄氏の独壇場となり、あとはJSCに「あなた方がのろのろしているからこんなことになるんだ」と仕切らせて説明に終始し、建築家たちの質問は時間切れで終わるという、思ったとおりの展開になった。建築関連五団体は再度、質問書をJSCに提出した。私たちとしては「専門家とは誰なのか」という問いが残って釈然としない。JSCは専門家＝建築家と思っているらしい。

騒いでいる建築家に説明して黙らせろ、ということなのだろう。しかしこの新国立競技場計画については交通、環境、防災、音響、冷暖房、スタジアム運営など、さまざまな専門家の協力が必要である。また私たち市民運動の共同代表は、それぞれ専門的職業についているにもかかわらず、政府に反対する「ただの素人」と扱われる。政府機関の定義する「専門家」「有識者」とは「政府の言うなりの見解を示す学者」であることは、原発でも医療でも薬事でも福祉でも見て取れることである。

原科幸彦氏は国際的に環境アセスメントの第一人者であるが、政府の言うことは聞かない専門家である。七月九日、原科氏たち「IOCアジェンダに準拠した環境アセスメントの実施を求めるステークホルダーズ会議」より、舛添要一東京都知事や、2020東京オリンピック・パラリンピック環境アセスメント評価委員会の柳憲一郎会長宛てに意見書が出された。しかし、これも専門家の意見として受け止められ、返事があったという話は聞かない。

さらに原科幸彦、大野秀敏、三上岳彦、錦澤滋雄（東工大・環境アセスメント・合意形成が専門）四氏は、東京を訪問したIOCの東京オリンピック調整委員会、ジョン・コーツ委員長宛てに「東京訪問で、せっかくあなたが既存施設を尊重するようにという勧告に対し、森喜朗オリンピック・パラリンピック組織委員会会長は、IOCや外国メディアにはいいことを言いながら、実際には現国立競技場の取り壊しをすすめている」ことを注意喚起し、「アジェンダ21」に基づくリーダーシップを発揮するよう求めた。

原科門下の桑原洋一氏（千葉商科大学）は「収益を得るためにショービジネスをやると言っているが、そのために必要な耐震や遮音装置こそが建設費を押し上げ、三〇年間のライフサイクルコストと合算し、そこで行なわれるコンサートの回数三六〇回（年一二回）で割ると、コンサート一回あたり国税三億円が使われることになる」という驚くべき試算を出した。

七月九日の東京新聞は、JSCの国際デザイン・コンクールの報告書について、大きな記事を載せた。これにより国内一二点、海外三四点の応募があった中でどうしてザハ案が選ばれたのか、明らかになった。二次審査は十人の審査員で、最終的にハディド案、オーストラリアのアラステル・リチャードソン案、妹島案が同点で残り、その中でとりまとめを求められた安藤忠雄審査委員長が最初に妹島案をはずし、「日本の技術力のチャレンジという精神から一七番（ハディド案）がいいと思います」と即答した。他の審査員からは「特異な形態なので、賛否がまきおこるだろう」「周辺環境との関係性を検討する必要がある」との意見、またコスト面、技術面の異論もあった。最終的に安藤氏が「強いインパクトを持ってこれを推すと言わないと」と主導して選んだことも明らかになった。続けて同紙は、高さ七〇メートルの応募要項に対して、当初のハディド案が応募時に十メートル超の逸脱を示していたことも伝えた。秘密主義のJSCがようやくホームページに審査委員会の論議を報告したのである。行なわれてからすでに二年になる。

七月十一日。「参加と合意形成研究会」のシンポジウムが、丸の内の千葉商科大学のサテライト・オフィスで行なわれた。この会には大野秀敏、三上岳彦、森山高至、鈴木知幸、浜野安宏さんなど幅広い専門家が意見を交わした。安藤忠雄氏の師匠格のプロデューサー・浜野安宏さんは、青山の同潤会跡地にできた表参道ヒルズなどについても、きびしい批判をした。気難しい人かと思ったら、笑顔のかわいい少年みたいな人だった。『さかなかみ』という川と魚の映画を監督したばかりである。「日本に三ヶ月いると憤死する」という浜野さんは、夏はロッキー山脈で川釣りをするそうだ。

同じ日、イギリスの『エコノミスト』誌は、二〇二〇年東京オリンピックを準備する東京で「俗物根性」というべき現象が見られる、として、築地魚市場の移転やホテル・オークラの建て替えにも触れ、「新国立競技場は無用の長物になるだろう」と述べた。ことに最近、現政権に気兼ねしがちな日本のマスコミに比し、さすがに海外の一流メディアは筆を控えなかった。

七月十二日には、JIA（日本建築家協会）関東支部による「新国立競技場とオリンピック施設計画に何が必要か？」というシンポジウムがあり、私は十一日と連日の登壇となった。しかしJIAの制作した新国立に関する日録は、まるで建築業界目線のもので、市民やメディアの動きはほとんど入っていないのにあっけにとられた。これについては建築家の元倉眞琴さんが批判した。坂井文・北海道大学准教授はイギリスの都市景観を守るCABE（建築都市環境委員会）がロンドン五輪の会場計画やデザインで評価した例を紹介し、たいへん勉強になった。文化庁の伝統的建造物群保存地区に選定されている竹富島では、公民館の町並み調整委員会を中心に、島の民家の新築や修復を議論し、その認証がないと建設できないが、こういう地域は日本ではきわめて珍しい。

七月十三日の日曜日、代官山の槇文彦さんの事務所で、午前からJSCに対する再質問書を作ることになり、私にも「ランチを用意してお待ちします」とお誘いがあった。私にとっては、建築家たちの激論に参加してたいへん勉強になった。

まずハディド案のキールアーチの二本の鉄骨がいかに巨大であるか。その断面は八〇平米以上、槇さん流のユーモアでいうと「そこに一家で暮らせる八〇平米のマンションがすっぽり収まり、高さ二・五メートルとしても一九〇世帯が暮らせる空間を食う」とのことである。この巨大鉄骨の重量もとんでもなく、土地に負荷がかかるため、免震構造を使わなければならない。そのため建設費がおよそ一〇〇〇億円高騰する。さらに、このキールアーチは、競技場内の芝生上に刻々変わる巨大な影を落とし、芝生の育成に問題が生じるというのである。

「そもそもこの鉄骨をどこでどう組み立てるんでしょう」ということも疑問だった。

芝の育成についてはあとで森桜と鈴木知幸さんから資料が出た。大分銀行ドームを見ても「開閉式屋根の故障が多い（年四回ほど）」、場長自ら「芝生の育成に五年間は本当に苦労した」と言うとおり、日照・通風が得られないため芝の根付きが悪く、スプリンクラー、地下通風装置、地上扇風機などの機械の補助が必要で、そのためにまた莫大な費用がかかる。サッカーだけでなくラグビー、アメフト、コンサートなどのあとの芝の荒れようは大変なものである。

いっぽう音楽イベントをするために遮音膜（当初屋根と呼ばれていた開閉式遮音装置）、これはC膜といって柔らかいものを使わないと畳めない。要するに農家のビニールハウスと同じような材質で、可燃性のため屋根材としては許可されていない、だからJSCは屋根ではなく「遮音膜」と言いくるめているのだが、そもそも遮音性が低い上に、いかにもたよりない。これをメッシュ状のステンレスにぶら下げワイヤーで引っぱって開け閉めするのらしい。つまりアスリートや観客と空との間にステンレス枠と針金が常設で挟まっているので、青空が広がるのでなく、言ってみれば観客は籠篭の鳥になるのである。「金魚鉢の上の猫よけについているような金網みたいなものですか」と聞くと、「まあ、そんなものですね」とのこと。うっとうしいなあ。

建築家たちは「シスイセイがない」としきりに言う。ほどなく「止水性」だとわかった。この頼りない膜を閉めたとしても強度がないため、ぴたっと閉まるのかどうか。そこから雨が漏れるかもしれない。雪が積もればその重さでたるむかもしれない。雹《ひょう》や霰《あられ》、雷、竜巻にどう対応するのか。「七一〇年に一回は張り替えないといけないね。そのとき屋根が複雑な曲面だから張り替えるのだって難しい。そのたびに七〇メートルの高さまで足場でも組むつもりなんだろうか」と槇さん。私は形がそっくりとされるハディド氏設計のカタールのスタジアムで、作業員の死亡事故が多発していることを述べた。酷暑の工事の悲劇もあるが、高所からの墜落もある。

「遮音膜を閉めたときに芝生に日が射すように南側にガラスの透明な部分もあるわけで、これは本当にスタジアム内の温度を上げるね」「客席の下から冷気が吹き出すようです」「要するに電気漬けですね」「第一どうやって掃除するんだろう」

というような議論が何時間続いただろう。以上、素人である私のまとめで不正確かもしれないが、これらの議論の成果は、のちに九月の河野太郎氏率いる自民党無駄撲滅プロジェクトチームの検討会で、有効に使われることになる。槇さんは客船クイーンエリザベス号と新国立競技場のボリュームを比べ「エリザベスはいなくなるからいいけど、ザハは居残るからね」とまたジョークをおっしゃった。

この夏、東京芸大教授たちによる現国立競技場の保存要望、現競技場の壁画などの制作者の子孫による美術品救出の要望、学徒出陣の碑の保存要望など、たくさんの動きがあった。すでに都有地の「四季の庭」の木には伐採を選別するテープがまかれ、人通りも少なくなっている。学徒出陣の碑は移転保存されるようだが、万朶の桜、同期の桜は伐採予定だと聞いた。安藤忠雄氏はテレビ番組に出演して「木は一本も切りません」と豪語したはずなのに、どんどん切られる予定。「大事な木は残します」というけれど、公園の木で「大事でない木」というものはあるのだろうか？

13　入札不調と都の所有地

国立競技場は、当初、二〇一四年七月に解体されるはずであった。それが六月の入札不調（JSCの予定価格を上回る額で全社が応札していた）で延期された。再入札で業者が決まれば、解体が始まる。囲いを眺めながら私たちはハラハラしていた。

七月十五日、「霞ヶ丘アパートを考える会」が、茨城大学の稲葉奈々子研究室を窓口として実施したアンケートの結果がまとまる。これを受けて都庁で記者会見を行なった。

住民一六〇世帯ほどのうち四一軒から回答があり、一人暮らしや高齢者が多いことがうかがえた。そのうち二九軒は「まだ引っ越し先が決まっていない」と答え、約八割の三二軒は「このまま霞ヶ丘アパートで暮らしたい」と答えていた。その理由としては「交通の便が良い」「かかりつけの病院が近くにある」「近所に友人・知人が住んでいる」「引っ越しをするのが大変」などが多い。また「引っ越して今より家賃が上がるのが心配」「今より狭くなるかもしれず心配」も多かった。

自由回答のなかには「近くに住む八十八歳の姉の面倒を見なければならない」「ここが故郷なの

です」「いまさら子どもと同居してもうまくいくはずはない」「老人一人暮らしのため転居はとても困難です」「新しい住居に移って家の中での行動も不安」「国の決めた国家事業です。何をいっても無駄」などと悲鳴のような文字があって胸を突かれた。一九八〇年代、谷根千でも地上げがあり、地価が高騰し、賃貸アパートなどのお年寄りが引っ越しを余儀なくされた。人生の最晩年になって、住み慣れた団地を追われることがどんなにつらいか、このアンケートは物語っていた。

記者会見で私たち支援者は、勇気を出して参加した住民の姿をメディアが撮らないように気を配った。なのに、「この人たちは本当の住民なんですか。その証拠を見せてください」などと心ない発言をするテレビ局の記者もいて、住民はかなり傷ついたと思う。

七月二十一日。東京大学法文二号館の美学会「都市と建築の美学」シンポジウムに槇文彦さんが登壇。「ラテン語の美という言葉には美しさと喜びという二つの意味がある。自身が作った空間が人々に美しさと喜びを与えることが建築家としては無上の喜びです。しかし今回の新国立競技場の巨大さ、どこまでも続く壁面、人工地盤と暗い地下は、そこにいる市民に何の喜びも与えないでしょう」「ザハはいわば母親で、愛情のない養父（JSCや設計者）が金も何もにぎったまま、いじくり回した結果、ザハの遺伝子は残ったものの、ザハらしくない建築になってしまった」と発言した。あいかわらず信念を語る。ほかの若手は衒学に逃げ込んでいるような気がしたが、ともかく壇上で発言してくれただけでも多とするしかない。帰りに本郷の「食堂もり川」で仲間たちとビール。学生食堂だから長居は避けた。

七月二十四日。私たちは文科省およびＪＳＣの、税金の壮大なむだづかいになる計画について財務省に要望書を提出しにいったが、先方は当惑を示した。そこで「二〇一三年に財務省が出したオリンピックに関する財政資料は、長野オリンピックの無駄、ホワイト・エレファント化の危険を指摘してよくできていますね」と言うと「あれは私がつくったのです」とうれしそうだった。しかし、省としていちおう言うべきことは言ったので、あえて火中の栗を拾う気はないと見た。

官僚の世界に詳しい人によれば、「新国立を作ることはすでに政治的に決着済み、ＪＳＣの資料は財務当局に提出するために作ったつじつま合わせにすぎない。予算要求に必要な行政手法であって、おそらく作ったＪＳＣの職員の誰も信用していないだろう。これをいくらあなた方が検証したり追及しても水掛け論になるだけ。財務省も将来の問題発生に責任は負わないだろう」とのことであった。縦割り行政というように、財務省、環境省、国土交通省、総理府などの「我関せず」にはまいってしまう。ことに最近の環境省は大石武一氏が環境庁長官になったときの希望を思うと、環境を守るどころか、環境破壊にお墨付きを与え、各地にネイチャースタディと称して観光施設のような箱物をつくっているだけ、のように見える。

この頃、ＩＯＣは新しい「アジェンダ２０２０」を策定中だった。私たちが注目した「アジェンダ21」に加え、ヨーロッパの四ヶ国オーストリア、ドイツ、スウェーデン、スイスの国内委員会は提言書を提出。英語しかまだないので、清水伸子は「「現存の施設を最大限に利用」はもちろん、

sustainability（持続可能性）はenvironmental（環境上）だけでなく、social, ethical, economical sustainability（社会、倫理、経済上の持続可能性）と広義にとらえ、またhuman rights（人権）も含むとしています。さらに、開催都市は立候補段階から計画、実施とすべての過程においてそれを順守することが要求され、ＩＯＣは監視機関を設け、順守を怠ったホストシティに制裁を与える権限も持つべき、としています。今年十二月に採択の「アジェンダ２０２０」にこの提案がとり入れられ、もし、即実施となったら、東京の新国立競技場は間違いなく制裁対象となります」と情報をくれた。ＩＯＣもオリンピックが嫌われてはこまる。先進国に立候補してもらうためには今までのやり方を変えなければならない、ということは分かってきているのだ。

八月六日。自民党の河野太郎事務所に赴く。河野さんは政権与党の中では数少ない、国立競技場建替の壮大な無駄を理解している人だ。まず槇文彦さんが、現行の有蓋案（ＪＳＣ）と無蓋案を比較し、重い蓋を取ることとの重要性を数字を駆使して説明した。「大阪スタジアムも「縦ノリで振動がひどい」という住民の反対でコンサートは断念した。大分銀行ドームも開閉はしていない」として遮音膜や維持費の問題点を話す。「人工地盤の下は暗くなってしまうので、あそこに国際子どもスポーツセンターを作ったらどうか。たいして費用はかからないし、子どもたちにスポーツへの日常的な関心をもたせられる」という提案もした。これは外苑西通りの景観をどうにか高速の下のような暗い空間から変えたい、またスタジアムを市民に親しみの持てるものにしたいという、槇さんなりの思いの表現であった。

東大の大野秀敏さんは、ケーキ箱のようなものにご自分の改修案の模型を入れてきた。「改修ならば、陽射しと雨を防ぐ屋根だけ付ければよい。オリンピック後には収容人数を七万三〇〇〇人から五万九〇〇〇人にダウンサイジングすれば、コストも半分ですむ」という話をした（一七一頁参照）。河野太郎さんは興味深げに、このかわいらしい模型をスマホで撮ったりしたが、ご自身の意見としては「サブトラができないなら陸上は無理。神宮外苑は球技に特化して、開会式は銀座とかで、陸上は横浜の日産スタジアムでやればどうだろう」と言う。

これには陸上選手だった鈴木知幸さんが「球技に特化するのは反対です。神宮競技場はそもそも陸上からスタートしたのですから」と反論した。「とにかく現行案では芝生が育たない。ＪＳＣもようやく分かって、芝は年に二度張り替えると言いだした。そうするとその間、使用できなくなります。芝生の専用農園を持つ、と言っているが、これは賭けですね」と主張した。私は「手わたす会」のこの間の活動と賛同者の数、この問題をめぐる世論や外国メディアの動きについて説明した。

河野さんに、早く次の無駄撲滅チームのヒアリングをやってほしいともお願いした。それにしても、スポーツ行政の立場から発言できるのが鈴木知幸さんしかいないのは情けないかぎりである。たとえばＪＯＡ（日本オリンピック・アカデミー）という研究団体がある。私たちは要望書を送っていて、落掌の返事は来たのだが、受け取る立場にはないということだった。しかし研究者の中には「再考すべきと声を上げていく」と言ってくれる方もあった。

鈴木さんが言及した駒沢スタジアムは都の施設で、座席数五九九七〇、屋根が客席の四分の三にかかっている。前列一五列までは屋根なしだが、一六列目からは屋根があり、これは国際基準を満たしている。コンサート時はアリーナ席に最大二万席設置可能。こういういいスタジアムがあるのに二〇二〇年は競技に使わず、どうして似たようなものをつくろうとするのだろうか。

八月八日。大橋智子たちが日本陸上競技連盟に行って久米設計の改修案について説明したところ、警戒されるどころか、「どっちみち八人しか走らないんだから九レーンがマストではありません。八レーンでもできる」というのでびっくりしたという。また「自分たちもサブトラックのない現行案では困ると思っていた。地下にサブトラがあれば選手も人の目に触れずにサブトラと競技場を行き来し、まことに都合がよい。このままだと選手をバスに乗せるなどして、サブトラまで輸送することになりそうだ」と言ったという。だったらなぜ、その意見を、JSCなりオリ・パラ組織委員会に申し入れないのだろう。

人工地盤の下を国際子どもスポーツセンターにする、という槇プラン自体には当会のメンバーの中で反対はないものの、「そもそもあの人工地盤は見苦しい」「ニューヨークの高架貨物線跡を空中緑道化したハイラインのように、ウッドデッキや灌木などでもっと緑化、スマートにできないか」「人工地盤が霞ヶ丘アパートの敷地を組み込んでいることが問題」などの意見もあった。これをお伝えすると、槇さんは「災害時に八万人の避難の安全確保を優先して考えると、人工地盤が最善かもしれない。私の本意は可動式屋根のないつつましい競技場にしたいということ」と返事をくださった。

同じ六日、東京新聞のコラム欄に、元オランダ大使の東郷和彦さんが、新国立競技場への反対を表明され、当会に賛同する、と書いてくださった。この頃メディアでは、国際デザイン・コンクールをめぐる不正や、森元首相や石原元都知事のオリンピック利権についても報道していたが、こうしたことの追及までは私たちの手におえる話ではなく、ジャーナリストにお任せすることにした。

八月八日。建築関連五団体があらためて出した質問に対し、JSCから木で鼻をくくったような返事が来たそうだ。私たちに来る返事と同じようなものである。私たちの仲間からも「キールアーチの土台に免震装置を入れていることの意味が分からない」という話があった。もっと長く地中に入れるところを、地下鉄大江戸線にぶつかる危険性があるとのことで短くし、そのぶん免震装置で解決するのではないかという。しかしその免震も、ある程度の時期が来たら取り替えなくてはいけないのではないか。大野秀敏さんは「こんなひっくり返りにくいものに免震はいらないのになあ」と言う。

予想外なことに、六月に続いて七月十七日の二度目の解体入札も不調に終わったが、JSCはその後の八月二十七日に、北工区、南工区ともに最低額で応札した「フジムラ」と南工区の二番札だった「関口興業」を特別重点調査で落とし、関東建設興業（埼玉県行田市）にいったん決定した。これに対し、翌八月二十八日、両工区とも最低価格で応札した「フジムラ」（江戸川区）が調査対象となったことを不服とし、「入札前にＪＳＣ職員が工事内訳書を開け予定価格を操作した」「落札者に情報が漏れていた」「自社がなぜ重点調査の対象になったのか、理由が示されていない」などとして、内閣府政府調達苦情検討委員会に申し立てた。へえ、そんな機関とシステムがあるのか？　知らなかった。これで少なくとも解体工事は九月以降にずれこむことになった。調査がすむまでは解体はできず、内定していた解体業者とＪＳＣの接触も禁止。官製談合があったと認められれば三度目の入札となる。もうダメか、と思うと国立競技場は延命する。

八月二十七日。私は初対面の著名な建築家と待ち合わせ、これまた初対面の著名なクリエイターのところへ、この問題への協力を要請にいった。建築家はオリンピックそのものにも疑問があり、新国立競技場の建設費や維持費の無駄遣いにたいへん憤っておられた。住みやすい住宅を設計なさるこの方は、当然にも、そう裕福でないクライアントの懐も思いやり、いつもコスト計算をしておられるのだろう。

クリエイターもとても魅力的な方で、環境破壊や建設費や構造の無理な話をじっと聞いてはくれたが、「僕が関与するとっかかりがない」と一言。「自分はオリンピックが好きで楽しみたいほう、公共建築は時の権力者のアイコンだから三〇〇〇億円くらいかかるのは当たり前ではないか。同時に今をときめく建築家のマーキングでもある。好きか嫌いかは別として、流行建築家ザハのマーキング。ピラミッドだって、江戸城だって、公共建築が民衆のためにできたためしはない。でもあとになると歴史的に貴重になるものもある。公共建築が市民運動でひっくり返ったことってあるの？これを絶対建てちゃいけない理由はありますか？」そこで、景観、防災、環境、ヒートアイランドの話をした。「たしかにそっちのほうが大事だと思うけど」とうなずきつつ、「でもそのすごい鉄骨とやら、ちょっと見てみたいね」

そういう考えもあるか……。建築家と二人、なんともいえない徒労感で辞去した。一九六四年のオリンピックや七〇年の万博で仕事をして有名になった多くのクリエイターの名前が思い浮かんだ。こちらも説得する「とっかかり」がなかった。それにしても市民運動で公共建造物が止まった例はあるの、と問われて、上野の奏楽堂、東京駅の建て替えや不忍池の地下駐車場の建設中止を思い出さないなんて、私もなんて間抜けなんだろう。話を聞いてもらえただけありがたいと思おう。私は建築家と別れ、表参道の駅で待っていてくれた『コンフォルト』編集長、多田君枝とスペインバルでワインを飲み、左官の職人の話などに興じた。そうしないと自分が取り戻せなかった。

八月二十八日。共産党都議団がＪＳＣに出した質問書の回答が発表された。

九月八日。私は有田芳生参議院議員の事務所で、霞ヶ丘アパート住民の甚野さんたちと都の住宅局・渡辺課長たちと会った。都は招致都市であるのになかなか表に出てこない。何を聞いても人ごとのような返事が続く。

——霞ヶ丘アパートをつぶして国立競技場の関連の公園にすると決めたのはいつですか？

都「平成二十四（二〇一二）年七月に霞ヶ丘アパートが国立競技場の関連敷地になっています」

――それはどのような手続きで？

都「二〇一二年三月の第一回有識者会議で決まったことなので、都はそれですすめています。とくに決定した書面や会議の議事録などはありません」

住民「石原都知事は有識者会議で「あんな都心の一等地に都営住宅がある必要はない」と言ったという話ですが」

――住民に対し、一二年の七月頃、「霞ヶ丘は新国立の敷地になったので移転していただくことになりました」というわら半紙B５の紙がポストに入っていたが、日付すらない。誰がいつ配布したのですか？

都「たしかにうちの担当者の名前がある。普通は日付を入れるものですが、おかしいですね」

――確認して答えてください。都の住宅局の仕事は住宅困窮者の保護ですか？　都営住宅からの住民の追い出しですか？

都「都としては町会を通じて住民と話し合ってきた。霞ヶ丘町会は掲示や会報も出しているので伝わっていると思っていた」

住民「町会の役員だけで話し合っているが、何も住民には伝わっていないし、私たちの意向も何も組み入れられていない。住民全員を対象とした話し合いを持ってほしい。残りたい住民がいるのを知っていますか？」

都「テレビで甚野さんの発言を聞いています」

こんな調子である。

そこで私は「霞ヶ丘都営アパートの敷地はいま誰のものですか」と訊いてみた。

都「いますぐはわかりません」

住民甚野氏「1―8号棟は東京都で、9、10号棟が財務省の土地ではないですか」と即答。

――そんなことも知らないで今日来たのですか。いま、何戸住んでいるか知っていますか?

都「二〇〇〇戸くらいではないですか?」

住民「一八〇戸はポストが空いているが、長期入院中、施設入居中などもあり、おそらく一四〇戸もいないと思います。丁寧に対処すると言いながら、戸数も生活実態の調査もしていないんですね」

私「四季の庭や明治公園、霞ヶ丘アパートの敷地はいつJSCが購入したんですか?」

そこで同席したJSCの高崎課長は驚くべき発言をした。「えーと、敷地はまだ購入しておりません。都と国で役割分担をして、事務的にすすめております」

つまり、文科省系の独立行政法人JSCは、都有地に競技場を勝手に夢想しているのだ。そもそも、いま住民が住んでいる都有地の利用を、JSCの有識者会議が決めるということ自体おかしい。それに都は主体性もなく従っている。下打ち合わせが十分できているのかもしれないが。

帰りがけ、「こんどの解体説明会にはステーク・ホルダーである私たちも参加できますか」とJ

SCの高崎課長に聞いたところ、「名前を書いてもらえば出席は問題ありません」ということだった。「ただし住民の顔などを映してもらっては困ります」とも。文科省からの天下りである鬼澤理事や文科省からの出向である山崎本部長に比べると、JSC生え抜きの高崎課長には親近感が持てる。ご本人も満州引揚げだとのこと、霞ヶ丘アパートの住民が、満州引揚げでここに罹災者として入ったことを話すと、目を拭ったりして、私は人間らしさを感じてきた。きっと子どものスポーツ振興などは楽しく仕事をされてきたのだろう。よりによってこんな無責任きわまりない計画の現場担当にさせられちゃって、と同情がわく。

九月十二日。JSCによる住民向け解体説明会。説明会に出た大橋智子の報告「解体企業抜きで出だしから大荒れ、JSCは競技場近くのマンションの理論明晰な理事長にマイクを渡したため、彼女の独壇場となってしまいました」に笑った。解体企業はいったん決まったものの、官製談合の疑いによりJSCとの接触も禁じられていた。工事による騒音、大気汚染、振動、粉塵などの懸念も住民たちは主張したという。

これで振り出しに戻った。まだ、時間が稼げる……。

14　自民党無駄撲滅プロジェクトチーム

二〇一四年九月二十五日、自民党無駄撲滅プロジェクトチーム（河野太郎座長）による三回目の公開ヒアリングが開かれた。二〇一三年十一月と十二月、二回行なわれたこの会議をもう一度開いてほしい、と河野事務所には私からもお願いしてあった。当初はお盆前にということだったのが、延びていよいよ九月にやるということになり、河野事務所からは「計画の問題点を指摘できる論客で、誰に出て発言してもらったらいいか」というご相談があった。

もちろん、槇文彦さんに出ていただきたいが、槇さんはドコモモ国際大会出席のためソウルに出張で日本におられない。代わりに東京建築士会会長の中村勉さん、そして施設運営の面から鈴木知幸さん、この問題なら何を聞いても答えられる森山高至さんを推薦した。現行案推進の立場からは、安藤忠雄委員長の代わりに、ザハ案を選んだコンクール審査委員で建築家の内藤廣さん、コンクールのアドバイザーで建築構造が専門の和田章さん、日本建築士事務所協会連合会会長の大内達史さんが出席という。これも「公開で」という河野さんの意向で、取材記者たちとともに、私も自民党本部での会議を傍聴することになった。

中村、鈴木、森山さんたちと昼ご飯をとりながら役割分担などを決めたが、その席に槇グループの大野秀敏さんもわざわざ応援に駆けつけてくれた。中に入る人数はかぎられているので大野さんは「会場の外で待ってるよ」とのことだったが、河野事務所の配慮で中に入ることができた。この問題を追っている記者たちもたくさん来た。

自民党本部の前では右翼の街宣車が「三日前、千葉で生活苦から我が子を手にかけて殺した母親がいる。福祉を切り捨てる自民党は反省せよ」とがなっていた。「右翼もたまにはいいことをいうな」と思いながら中に入った。

会議の冒頭、河野座長は「誰が悪いということはいいっこなし。オリンピックを成功させるのは国民の願い。しかし日本の財政は火の車で、福祉にまで手を付けなければいけない時に少しの無駄も許されない」と宣言。議員は他に、最近、スケートの高橋大輔選手とのことで話題になった橋本聖子氏、元プロレスラーの馳浩氏など三、四人。記者は三〇人ほど、マスコミの頭撮りもあり、全体はニコニコ動画が中継した。

冒頭の河野座長に続いて、JSCの山崎雅男本部長から時間稼ぎのような計画の説明が四〇分。それから有識者の発言に移り、切り込み隊長の森山高至さんが「ザハとの契約はどうなっているのか、ザハにはいくら払ったのか、この計画には誰がどう、責任を持つのか」とJSCに訊いた。河野座長「今この場で答えられないようですから、あとでいいから回答してください」

鈴木知幸さんは「誰がこの開閉式屋根に決めたのか、スポーツ関係のワーキンググループは誰が委員でどんな発言をしたのか、公表されていない」と発言。

河野座長は「公表されていないんですか？　直ちに公表してください」と指示。

中村勉さんが、槇文彦グループを代表して、とレジュメに従って疑問を次々繰り出した。「ザハ案は巨大で、無表情。イベントのない時は人通りもない。外苑西通りは人工地盤の建設で谷底のようになるので夜間は犯罪の危険性が高まる、競技場周辺の木はほとんど伐採されるのではないか。こういうことをどう考えているのか、返答してほしい」「日照は限定的で非効率、芝生のための人工通風装置や夜露に替わる保水装置、すべて機械仕掛けで、それを使っても芝生は育たない。芝を張り替えても養生期間はイベントは開催不可能。開閉式遮音装置や可動席などの電気仕掛けの装置は故障が多く信頼性が薄い。こんな屋根に一四八億円もかけるのか？」「開閉式遮音装置に使うC種膜、ポリエステルに塩ビ加工で、耐久性も遮音性能も低い。これを七〜十年おきに張り替える必要があると思われるが、足場を組むコストなど三・七億円、工期四ヶ月。止水性にも問題あり、漏水の危険性があり、ゲリラ豪雨に対応するのも難しい。風や雪にも弱い。これを使ってどうするつもりかわからない」「イベントで生ずる観客の縦ノリの震動の問題が解決されていない。さらに高いところの屋根をどうやって掃除するのか？　音の残響が長くて明晰性がない。冷暖房や換気もコストを押し上げる。すべて無理な開閉式遮音装置から来ることではないのか？」

これらすべての疑問にＪＳＣは答え切れず、回答を約束させられた（しかし質問者のところには回答は来なかった。ＪＳＣは河野議員のところには説明にいった模様である）。

槇グループの質問はあらかじめ記者たちに配られていたので、みな真剣に紙を繰って聞いた。それにくらべ、ＪＳＣ側が依頼した有識者はなんの準備もしていないようだった。

和田章さん。「東京体育館だって近づくと相当大きい。でもザハの競技場の上に載せれば孫ガメくらい。自由の女神が三七メートルなのにザハ案は七〇メートル。面積を十倍大きくすると柱は十倍ではもたない」

「おやおや、どちらの味方なの」と聞いていたら、「だがその案に決めて二〇〇〇人のエンジニアが頑張っているのだから、ぜひ成功させたい」「ＳＡＮＡＡの案もアラステルの案も構造的にあれでは無理。他に実現可能な案は見るところ二つあったが、それでは二〇二〇年オリンピックの招致は勝ち取れなかっただろう」。これには鈴木知幸さんが「ザハ案のおかげで招致に成功したなんてことは絶対にありません」と反論。

大内達史さんは「中村さんのご指摘にはなるほどなと思う点もたくさんあった。建築は技術と機能とコストが大事だ。みんなが楽しみにしているオリンピックを成功させるために協力を惜しむものではない」というような話をされたが、どっち付かずで印象がうすい。私は村山元首相に匹敵するような大内さんの眉毛に見とれていた。

鈴木知幸さん。「観客動員数はサッカーのナビスコ杯決勝で四万六〇〇〇人、Ｊリーグで平均一万七〇〇〇人。ラグビーのトップリーグで一試合平均四三〇〇人。陸上は日本選手権で一万五〇〇〇人。こんな状態で八万人固定席の大スタジアムをつくって誰が使うのか？　いくらで貸すのか？　一日五〇〇〇万などというと借りられないスポーツ団体のほうが多いだろう。競技場なのに八万人の音楽イベントの合間にスポーツをやらせてもらうのか？」

あいまに森山さんも援護射撃をいろいろ行なった。「安藤忠雄さんはなぜ今日、来ないのですか？」

和田章さん。「新国立が一九〇〇億かかるといっても、日本の人口で割れば一九〇〇円。そのくらいみんな居酒屋で飲むだろう。それでオリンピックが楽しめればそう高くはない」。これには啞然とした。赤ん坊も幼児も飲むのだろうか？　河野議員は「社会保障費をどうやって切り詰めるかという議論をしている時ですから、オリンピックだからお金をいくらかけてもいいという議論は慎んでいただきたい」と苦言を呈した。

それまでニヤニヤしながら発言をしなかった内藤廣さんが「本来、安藤忠雄さんが来るべきだが、代わりにきた」「実施設計でエンジニアはすでに四〇〇〇枚の図面を書いている」（現場は苦労しているってことのアピールか？）「同じ図面でもザハの情熱が入るかどうかで、建築は名作にも駄作にもなる」「さまざまな問題は設計のなかで答えていくしかない」と発言した。

内藤さんが二〇一三年十二月に発表した反論「建築家諸氏へ」から一歩も出ない芸術至上主義だった。こうした建築家の自己満足のために多大な税金が使われ、景観や環境が壊され、無用の長物が建ち続けるということを内藤さんはどう考えているのだろうか？

鈴木知幸さん。「競技場はコストと時間をかければいくらでもできるでしょう。しかしいまはそういう時代ではない。ここは建設ができるできないを討議する場でなく、税金の無駄をいかになくし、負の遺産にしないことを話し合う場でしょう」

河野太郎座長「建設費が膨らみ赤字になっても、国はいっさい税金からの補塡もtotoからの流用も認めません」「まだ時間があります。またやりたいと思います。無駄ボクの範囲を越えることについては今後、文科大臣、都知事にもご報告して、討論していきたい」と締めくくった。

中村さんが霞ヶ丘アパート住民の居住権についても言及すると、河野座長は「それは無駄ボクを越えますので、橋本さん、オリパラ組織委から都の方と協議してください」と言ったが、その後、彼女がどのような努力をしたのか、知らない。

結論としていえば、計画再考派の方が断然、説得的だった。

当初、JSCは二回目の一般競争入札で、北工区、南工区ともに関東建設興業（埼玉県行田市）に解体工事を落札し、九月二十九日から解体工事に入るとしていた。これを受けて「手わたす会」は九月十六日、都庁で記者会見を行ない、「解体工事着手の抗議声明」を発表した。

九月二十六日、私たちは集大成とも思える最後のシンポジウムを、日本青年館の二〇〇人収容の国際ホールを借り切って行なった。この際だから、著名な先生を招くより、運動仲間の思いを伝えようということになり、「それでも異議あり、新国立競技場——戦後最大の愚挙を考える」を開いた。

多児貞子の解体抗議声明朗読にはじまり、中村勉、森山高至、桑原洋一、渥美冒純、大根田康介、日置雅晴、向井宏一郎、鈴木知幸、原科幸彦、長谷川龍友（槇文彦代）、原祐一（考古学）という、この間に出会い、協働した仲間たちが、それぞれの専門から発言した。私たち共同代表もそれぞれ分担して報告した。なかでも神宮前のマンションの管理組合理事長の訴え、都営霞ヶ丘アパートの宇井靖子さんの「私たちはここに住み続けたい」という訴えは感動を呼んだ。懇親会で、宇井靖子さんが公害問題の先駆者、宇井純氏の義妹であることを知った。

最後に共同代表の日置圭子が「われわれはけっしてあきらめない」という決意表明を述べた。「私たち「神宮外苑と国立競技場を未来へ手わたす会」は、知ろうとしない、伝えようとしない、行動しようとしないことは未来の世代への「罪」だと認識し、これからも人々の前に問題を明らかにし続けていく覚悟です」

土俵に足がかかってはいるけれど、ここでくじけはしない。新たな出発点のつもりであった。

秋が深まった。私たちはこの計画を再考してもらうため、あらゆることを行なった。ＪＳＣは実行部隊に過ぎず、計画を変えるには東京オリンピック・パラリンピック競技大会組織委員会会長の森喜朗さんの翻意が必要であった。くり返すが、この計画は二〇〇九年に二〇一九年のラグビーワールドカップ日本開催が正式決定され、二〇一一年二月に「ラグビーワールドカップ2019日本大会成功議員連盟」が八万人規模の国立競技場の再整備を決議したことからはじまっている。そして二〇一一年九月、東京都は二〇二〇年オリンピック招致都市に立候補するさい、この国立競技場をメイン会場にすると表明した。このことにも、森元首相の隠然たる力が働いている。

私たちは森事務所に手紙も送ったし、非公式のパイプも探った。なかでも元オランダ大使であった東郷和彦さんが東京新聞のコラムでこの問題を取り上げ、当会の賛同者にもなってくださった。東郷さんの祖父は日米開戦時の外相であり、父は外務次官であるという外交官一家で、ご自身は首相時代の森さんを日ソ交渉で支えた方である。

『戦後日本が失ったもの』（角川ｏｎｅテーマ21）と題する著書で、景観にも深い造詣を示す東郷さんは、ある会合の席で森元首相に新国立競技場の問題点を提起してくださり、下村文科大臣にも数回にわたり手紙を書いてくださった。同じ頃、私は日本ナショナルトラストの理事会でも、東京の景観を冒すこの計画について発言したが、元スイス大使の村田光平さんから激励を受けた。村田さんは「福島原発事故の後の放射性物質がコントロールできていない」として別途、二〇二〇年オリンピックの東京開催の安全性を確認するよう、ＩＯＣに書簡を送っている。こういう方々との出会いには励まされた。

『ユリイカ』で愛読していた飯島洋一「らしき建築批判」が単行本にまとまり、池澤夏樹さんが興味深い書評を書いた。その一節が頭の中で、反芻される。「早い話がブランドなのだ。プラダのバッグを持っている私だからデートして、と東京都はＩＯＣにすり寄った。プラダの代金を国民が払う頃にはもうデートは佳境というしかけ」「もっと根源的な理由を問えば、現代のスノビズムに行き着く。俗物趣味、「資本の力だけを人前で振りかざす」「成り上がり者」の意向が日本国民に三〇〇〇億円の支出を強いる」

やっぱりこんなおろかで恥ずかしい計画を続行させるわけにはいかない。そう思いながらも、当時の私たちの気持ちは、「やるだけやったけどやっぱり解体を止めるのは無理かあ。せめて屋根さえ取れれば」くらいまで後退していた。技術、コスト、工期などに無理のあるこの土鍋のふた、そして真ん中にくっついている遮音膜を取れれば、相当の成果といえるかもしれない。そんなところに追い込まれていた。

15　キラキラ外苑ウォーク

経済学者の宇沢弘文さんが亡くなった。病床より代筆で当会への賛同を示してくださった（一五〇ページ参照）。お会いしたのはたった二度だったが、学生時代から『自動車の社会的費用』『「成田」とは何か』『社会的共通資本』『地球温暖化を考える』などなどたくさん読んできて、心の支えとしてきた。最後に普天間基地に関する記者会見でお会いしたとき、相変わらず白い長いおひげで「いつでも来てください」と名刺を下さったのに。

神宮外苑の森こそ、宇沢さんの言うみんなの環境、コモンズそのものである。

八ッ場ダム反対についても「ダム検証のあり方を問う科学者の会」の呼びかけ人だった。開発という名の下に、かけがえのない山や川や浜辺や森が破壊されていくことに、ずっと心を痛めてこられた方であった。

九月三十日。国立競技場の解体入札は一回目不調、二回目官製談合が疑われるとして内閣府が調査に入っていた。政府調達苦情検討委員会は「調達過程の公正性や公平性、入札書の秘密を損なった」として、さらに政府調達のルールを定めた世界貿易機関（WTO）の協定違反と認定。二度目は無効として、三度目の入札をすることになった。それにしてもJSCは今年度、二〇三億円もの解体のための費用を予算で取っているのに、二回目の落札価格は北工区と南工区を合わせて三六億円ぽっち、というのはどういう計算だろう。埋蔵文化財発掘調査が四億円かかるとしても、残りの一六七億円は、JSCの本部移転費用、いわゆる便乗建て替えに使われるのであろうか？　政界通にきいてみたところ、「官僚は一億ですむ予算を一〇〇〇億吹っかけるのが仕事。一〇〇億取れればもうけもの、それで天下りを食べさせようとする。JSCも三五億ですむ解体工事を二〇〇億と吹っかけてみたのではないか」という。

十月一日。港区芝の建築会館の「建築夜楽校　二〇一四」なる催しで、新国立競技場のシンポジウムがあり、槇文彦さん、コンクールの審査委員を務めた内藤廣さんがともに壇上に上がるというので、聞きに行く。槇さんは「複合施設をあんな狭い敷地に作って、理想的な競技場にもサッカー場にもコンサートホールにもならない」として「有害な有蓋案を阻止する」と相変わらず闘う姿勢を見せた。内藤さんは「コンクールの審査は非常に拙速だった」「情報の公開と共有をして、市民の意見を取り入れたほうが良かった」とかなり率直に語った。たしかに「みんなで作ろう」と呼びかけながら、JSCは情報開示も意見聴取もほとんどと言っていいほど行なわなかった。審査の過程についても、前々から指摘されていた久米設計の国立競技場改修案の存在についても。

いっぽう、他の登壇者でインテリア・デザイナーの浅子佳英さんは「デザイン・コンクールで選んだ案を否定すると、これからコンクールがやりにくくなる」「そもそも今の国立競技場自体が暴力的なボリュームで建っているので、景観を理由に反対するのには反対」と言った。建築批評家の五十嵐太郎さんもこれに同調。内藤さんは「市民というけど、その市民とは誰なのか」とも言った。あとで森山高至さんに訊くと、「森さんたちに「プロ市民」というレッテルを貼りたいんでしょ」と言う。私はうかつにも「プロ市民」という言葉すら知らなかった。たしかに三〇年来、数々の保存運動を闘ってきた私はプロかもしれないな。

米国の俳優のレオナルド・ディカプリオは「私はコンサーンド・シティズン（憂慮する市民）としてここに来た」と言って国連で環境問題を語ったが、日本はそのような自覚した市民を歓迎する成熟した市民社会にはなっていないのだろう。「よらしむべし、知らしむべからず」である。いや、当会の共同代表で内藤さんをよく知る森桜は「市民がもっと声を上げろ、そうしたら事態を変えられる」と言ったのではないかという。内藤さんには「もう現行案はやめたほうがいい」とはっきり言ってほしかった。

同じ頃、著名な建築家である隈研吾さんも、大きすぎる現行案について東京都などに異議を唱え、「古い町並みや歴史的建造物などの遺産を活用すること」「都市を破壊する行為はできるだけ避けるべきだ」と語った（『ニューズウィーク日本版』九月三十日号）。

十月七日。民主党蓮舫議員の参議院予算委員会での再度の質問に、下村博文文科相は「談合が疑われたため、警察に通報した」とまるで人ごとのような答弁をする。ＪＳＣの監督官庁のトップとしては信じられない無責任ぶりである。いっぽう河野一郎ＪＳＣ理事長は「第三者委員会を設置したが、事前に開封した職員のヒアリングは自ら行ない、第三者委員会には任せなかった」と答弁した。奇々怪々な事件である。しかし、警察通報のその後も、職員ヒアリングや第三者委員会の論議もよく説明されないままに終わっている。ＪＳＣによれば「関係資料は提出したが、その後、連絡も取り調べなどもない」「内閣府からは官製談合の疑いありとは言えないとの判断、よって再々入札をする」。これは長野オリンピックの招致活動文書を焼却したり、二〇一六年東京オリンピック招致文書を都が紛失したのと同じ幕引きの手口だ。こうして入札は三度、行なわれることになった。

十月二十一日。『サンデー毎日』に解体工事の談合疑惑を告発したフジムラの社長が出ていた。この方、キャラが立っている。以前、皇后の実家・正田邸の解体工事を請け負いながら、保存運動をした人々に義理立てして、辞退したという過去がある。被災地支援などにも会社ごと出かけているようだ。

十月末、ＪＳＣはスタジアム本体を大成建設、屋根を竹中工務店を施工予定者に選んだ。これも解せない。工期を縮めるために設計段階から施工者のゼネコンを参加させてしまう。いわゆる設計施工というものだ。一級建築士・大橋智子は「設計者と施工者を別々に選定するべきなのに、これでは設計者の独立性が失われてしまう」とたいへん怒っていた。私が心配なのは、「建設現場の作業員の人手不足が懸念されているが、施工予定の両社は新国立を優先して確保すると見られる」(日本経済新聞、十月三十一日)ということだ。話が違うではないか。東北の復興の姿を見せるオリンピックであったはずなのに、新国立の建設が優先されてしまうとは。だいたいＪＳＣのスポンサーには大手ゼネコンがずらりと名を連ねている。

十一月五日。今度は建築家の磯崎新さんが「ザハ・ハディド案の取り扱いについて」という意見を発表。メディアは「新国立競技場は粗大ゴミになる」とそのいちばん刺激的なフレーズを報じた。磯崎さんはザハ・ハディドを香港のヴィクトリア・ピークのピーク・クラブのコンペで一等にし、彼女を見いだした人である。当初案は「運動競技のスピード感をあらわすデザインであると感じ」支持してきた。しかし修正案では「列島の水没を待つ亀のような鈍重な姿」になっており、このまま実現すれば「東京は巨大な粗大ゴミ」を抱え込むことになるという。ここまでは賛同できる。しかしその解決策として、磯崎さんは「二〇二〇年の東京オリンピック開会式は二重橋前広場で挙行」「ザハ・ハディド氏にあらためて新国立のデザインを依頼する」と提唱していた。

この頃、ツイッターでは五輪返上論が目立っていった。「一〇〇〇兆円の借金を抱える国でオリンピックなどやっている場合か。その金があったら福祉に回せ、教育に回せ、道路改修に回せ、自殺防止に回せ」。そうした声にはいちいち共感できた。これは財務省が金メダル一つ取るのに一〇〇億円の投資がいるという試算をしてみせたからでもある。いっぽう、「やるなら民間参入による税金を使わないオリンピックをしたらどうだ」という声も。とにかく二〇五〇年に東京の人口は今の半分になる。半減した人口で、オリンピック後、諸施設を維持していけるのだろうか。おりしもバブル期に作られた公共施設が老朽化して改修が必要になっている。夕張に典型的なように、維持にあえぐ地方自治体では、どれを残し、どれを直し、どれを閉鎖して壊すかの選択を迫られている。

十二月十日。沖縄県知事に元保守系の那覇市長で、辺野古埋め立て反対の翁長雄志氏が共産、社民、生活の党などの推薦を受け当選。俳優の菅原文太さんが「沖縄の風土も、本土の風土も、海も山も、空気も風もすべて国家のものではありません。そこに住んでいる人たちのものです。辺野古も然り。勝手に売り飛ばさないでくれ！」と応援演説に駆けつけた。まさに宇沢弘文さんのコモンズの思想を語ったこの名演説を残して、彼は十一月二十八日に逝去。仙台の出身で、早稲田で学び、東映のやくざ映画や「トラック野郎シリーズ」の映画でも人気を博したが、晩年は山梨で無農薬有機農業もやっていたという。この最後の発声は歴史に残るものとなった。

同じ頃、ドキュメンタリー映画『三里塚に生きる』の共同監督・大津幸四郎さんも亡くなった。この映画を見て身につまされる。最初に住民に説明や相談があればよかったのに、「ここは国策で空港になります」。その一言で移転を促した。神宮外苑の都営霞ヶ丘アパートに投げ込まれたチラシと同じ。「新国立競技場の敷地になりましたので移転していただきます」。順番がちがう。空港も原発もリニア新幹線も住民に知らされないままに、相談もなく決められ作られる。そんなの我慢できるか。

十二月十五日。昨日の衆議院選の結果。得票率は戦後最低の五二・六六パーセント。自民・公明の与党が三二六議席を占め、圧勝。小選挙区では自民が二九五議席中二二二議席も取った。共産党も二一議席と躍進した。しかし、完全比例代表制にすれば、得票率を換算して、自民は一五八、民主八七、維新七五、公明六五、共産五四、社民一二、次世代一二、生活九、幸福二となったという試算も出ている。小選挙区制を許した私たちは反省したほうがいい。新国立競技場もだが、特定秘密保護法、集団的自衛権はじめ、戦争に向かうような感じに心が重くなる。私はこの頃、心だけでなく体に重さを感じていた。病院で精密検査を受けたところ、子宮頸がんが発見された。不思議と心の動揺はなく、死が実感できた分、何といわれてももうこわくはない、と思った。しかし、このことはなかなか「手わたす会」のメンバーにも言えないでいた。

同日。三度目の解体入札で、官製談合の疑惑で告発された関東建設興業が南工区を、十九日には告発したフジムラが北工区の解体を落札。唖然とする。これは手打ちではないのか。また「神の声」が出たのか。

この頃、私の住む文京区本郷では、国の登録文化財「旧伊勢屋質店」が持ち主の意向で売却されそうになっていた。樋口一葉が生前通った質屋であり、『一葉日記』にも十数回登場する。「長持ちに春かくれゆく衣替え」という一葉の句がある。以前から十一月二十三日の「一葉忌」などに有志の手伝いで伊勢屋は公開されてもきた。さっそく私たちは「一葉の通った伊勢屋質店を残す会」を結成、新国立と並行して活動をしなくてはならなかった。

十二月二十三日には、政治学者の原武史さんと、荻上チキさんのラジオ番組「Session-22」に出演。テーマは「東京駅一〇〇周年」。東京駅開業は一九一四（大正三）年なので、ちょうど一〇〇年。東京ステーションギャラリーではそれを記念する展覧会も開かれていた。番組に出たことでおよそ四半世紀前の運動のことがよみがえった。今の仲間、多児貞子や山本玲子も一緒だった。そして、JR東日本の松田昌士会長（当時）は「丸の内駅舎は市民運動があって残ったことを、復原できた暁にはプレートにでもして永久にそこに刻みましょうね」と言ってくださったのに、そのことは忘れ去られ、いまではJR東日本という会社が自主的に保存活用を決断したかのように語られている。たしかに復原工事をしたのはJRの努力によるが、十万筆もの自筆署名を集め、国会に届けた日々を思い出すと、このような歴史の改竄は許せないような気がしてくる。私は運動の初期に働いただけだが、事務局を担い続けた前野まさる東京芸術大学名誉教授や多児さんすら、復原なった東京駅の竣工式典に招かれなかったというのを聞いて驚いた。

明けて二〇一五年になっても新国立競技場計画は粛々と暴走していた。しかし私はもう体が堪え兼ねた。何度もの検査、診察。病気に関する勉強をし、情報を集め、その結果、病院を変え、放射線単独で治すことに決め、二月には入院だ。やっと仲間たちに告げた。官製談合疑惑もうやむやな

2015年１月17日、外苑キラキラウォーク行進の日
伐採された神宮外苑の樹木（上）撮影 浜野安宏　懇親会（下）

ままで、三月には解体がはじまるだろう。ここまで何度、意見を言い、要望をし、質問してきただろう。それはいっさい耳を傾けてはもらえなかった。JSCと面談しても、彼らは自分たちの計画を説明するだけだった。けっして意見を聞き、考えを変えようとはしなかった。むなしさがひたひたと体に押しよせた。

一月十七日、私たち「神宮外苑と国立競技場を未来へ手わたす会」は、昨年七月五日の「国立さんを囲む会」を開いたアーキネット代表の織山和久さんたちの協力も得て、冬ではあるが「神宮外苑キラキラウォーク」を催すことにした。国立にはすでに仮囲いができていた。壁面などに思い出の画像を映したいとJSCに申し入れたが、「解体に反対するなら許可しない」ということだった。「JSCの闇の深さを嘆くより、小さな灯火を国立競技場に捧げよう」、そう謳った。

寒い冬の夜、集まったのは一五〇人ほどだった。それでも発光する輪飾りを繋ぎ、みんなで白い息を吐きながら、ここ一年通いつめて親しいものとなった国立競技場のまわりを歩いた。浜野安宏さんもジャンパーの軽快な姿で来てくれた。東郷和彦さんは背が高く、長いコートに防寒帽をかぶるとロシア人のように威風堂々としてみえた。最後にいつもの外苑西通りのレストラン「トゥー・ザ・ハーブズ」を貸し切りにして打ち上げ、みんなで写真を撮った。たぶん国立競技場は壊される。でも私たちはやれるだけのことはやった。共同代表一人一人のスピーチに、参加者はじっと耳を傾けてくれた。

私たちも驚いた白紙撤回――あとがきに代えて

二〇一五年七月十七日、安全保障関連法案が強行採決され衆議院を通過した翌日、安倍首相は新国立競技場計画の全面見直しを言明した。七月七日の有識者会議が二五二〇億円の現行案を了承し、JSCが大成建設と工事契約を結んだところから、国民の「あまりにも高すぎる」という批判が急増し、各種調査でも八〇パーセント以上が現行案に反対という結果が出た。為末大、有森裕子、平尾剛、清水宏保の各氏ら、アスリートたちも計画への不安や反対を表明した。この流れは止まらないだろうが、まだ白紙撤回の中身もあきらかではなく、今後も注視が必要だ。

最後にふりかえっておきたい。新国立競技場は二〇一一年二月、ラグビー議連（ラグビーワールドカップ2019日本大会成功議員連盟）によって、神宮外苑の国立競技場を建て替えることが決議された。二〇一九年のラグビーワールドカップに使われ、その後二〇二〇年の東京オリンピック・パラリンピックに使われる予定であった。国立だから全国民の税金を使って作られる。

事業主体であるＪＳＣ（日本スポーツ振興センター）は有識者会議を設置して討議、「予算一三〇〇億円、八万人収容、開閉式屋根つき」を条件に、二〇一二年七月に国際デザイン・コンクールを行ない、十一月、イラク出身、イギリス在住の女性建築家ザハ・ハディドさんの流線形の奇抜なデザインを選んだ。しかしこのコンクールは最初から敷地の逸脱を示していた案を、途中で変更させてはいけないという規約に反して、変更を認めて当選させたものであった。イギリス人審査委員も二人とも来日の審査はしなかった。

これに対し、二〇一三年の夏、世界的建築家の槇文彦さんが「敷地に対して巨大すぎる」「神宮外苑の歴史的文脈を踏まえていない」などと論文で批判した。

二〇一三年十月、三〇年来、東京の建築保存・活用、環境保全に関わってきた私たち市民は、この問題を看過できないと「神宮外苑と国立競技場を未来へ手わたす会」を結成、「一九五八年築の現競技場を改修して使おう、神宮外苑の景観や環境を守ろう」と訴え、活動をはじめた。賛同者は最終的には八万八〇〇〇人を超えた。しかしステーク・ホルダー（利害関係者）であり、クライアント・ユーザーである市民の要望や提言に、ＪＳＣら計画者側はいっさい耳を貸さなかった。日本の民主主義とは「聞かない民主主義」である。

コンクール終了後、実現には三〇〇〇億円かかるという試算に批判が出たため、一七八五億円、一六九二億円、さらに二〇一四年五月の基本設計公表時には、延床面積二九万平米を二二万平米まで減らし、一六二五億円でつくるということに修正された。私たちの声はいっこうに届かず、七月の解体を見守って運動は収束するはずであった。

しかし解体工事の入札が一回目の不調や二回目の官製談合疑惑で八ヶ月遅れ、競技場は今年二〇一五年の三月に壊された。私たちはがっかりしてしまい、ここで運動は一回止まったかにみえた。競技場がなくなってぽっかり空いた地面を見ると、かつてここにあった競技場さえも大きすぎたのではないか、という印象を拭えなかった。

私は二〇一五年に入って、がん治療を続けた。放射線治療のために通った臨海部の病院の周辺には、築地市場の移転先の豊洲ほか、たくさんのクレーンが林立し、オリンピックまでにどれほど東京が再開発されるのか、空恐ろしいほどであった。私は四月初めに治療を終えた。

ところが五月になって、新しい動きが出た。五月十五日、『スポーツ報知』に「民間会社が九五〇億円の格安案を示し、政府関係者が支持」との一面記事。民間会社も政府関係者も誰のことかわからない曖昧な記事だった。十八日には下村文科相が計画を見直し、「開閉式屋根の設置はオリンピック後に、一万五〇〇〇席は仮設に変更」と言い出した。現行案の巨大なキールアーチと開閉式屋根のせいで「技術的に無理、建設費は高額に、二〇一九年には間に合わない」という槇グループや私たちの予想が的中したことになる。下村大臣はしきりと「オリンピックに屋根は必要ではない」と言いわけする。要するに開閉式屋根は音楽イベントに必要なだけだ、ということを認めたことになる。このように中途半端な、多目的スタジアムの運営がうまくいかないことは、すでに「手わたす会」の公開勉強会でも何度も指摘されていた。

いっぽう下村大臣は東京都に五〇〇億円の費用負担を求めたが、舛添知事は「いっさい聞いていない」「都民の納得なく税金は投入できない」と反発。六月十六日、私たち「手わたす会」は「緊急市民提言」を発表、「無理な現行案をあきらめる」「日産スタジアムなど既存施設の改修可能性を探る」「神宮外苑につくるにしても、既存の環境や現在の住民を最大限尊重すること」と訴えた（巻末「資料6」）。翌日、自民党は槇文彦氏を招いて意見聴取、十八日、下村文科大臣も槇氏と会い、「提言に謙虚に耳を傾ける」と言ったはずであった。

それなのに六月二十五日の各紙は「現行案通り二五〇〇億円でゼネコン（大成建設、竹中工務店）と契約」と報じている。「謙虚に耳を傾ける」という言葉は本意ではなかったのか？　現行案に固執する官僚たちのリークなのか、謎である。

新聞記事にある下村大臣の「コンクールで通った案なので」という理由は、このコンクールのあまりにずさんで拙速な経緯からして承服しがたい。同じく「消費税と資材人件費の高騰が原因」というのも納得できない。震災復興のさなか、高騰を予測できなかったとしたら能力が疑われる。巨大キールアーチと開閉式屋根が建設費の高騰を招いたのだと多くの専門家は指摘している。

とにかく財源が不明確で、めどが立っているのは国費三九一億円（すなわちわれわれの税金）とサッカーくじ toto の二年分の収益の五パーセント一一〇億円、合わせて五〇〇億円程度しかない。たとえば五〇〇万円しか金がないのに、二五二〇万円の家を建てようとしても建つわけはないだろう。下村大臣は「ネーミングライツ（命名権）を売る」「国民の寄付を仰ぐ」などと言っているが、こんなに工費がふくれあがり、イメージの悪くなった競技場に寄付してくれる国民がいると思ったのだろうか？

六月二十五日付東京新聞によれば、ＪＳＣは存在の基盤となる国費「スポーツ振興基金」一二五億円まで取り崩し、競技場建設につぎ込もうとしているようで、これは何のためのオリンピック？と言われても仕方ない。スポーツ振興基金とは、地域スポーツの振興や選手の育成のために使われるべきものである。おりしも、Ｊリーグガンバ大阪の新スタジアムが四万人収容で、寄付金だけの一四〇億円で整備されたというニュースがあり、みんなコストの低さに驚いた。民間ができることが、国の場合、経済原則がきかず、青天井のようになっている。森喜朗オリンピック・パラリンピック組織委員会会長は「三〇〇〇億、四〇〇〇億かかっても立派なものを作るべき」と最後まで言いつづけた。

年に五〇日も使われないこの巨大建造物の維持費は、前の国立競技場が年間約五億であったのに、最初の発表から三五億円、四一億、四五億とだんだん増えていった。収益がいつもそれより三億円から五億円多いというのには笑ってしまった。何を根拠に、このように数字をいじくるのであろう。典型的なホワイト・エレファント（無用の長物）となりそうなこの新国立競技場は、隘路に入ったというか、迷路というか、いや迷走から暴走を示してきた。すでに一年前、私はこの計画を、兵站もないまま引きかえすこともしなかった「インパール作戦」にたとえたが、その後、「誰も責任を取らなかった帝国陸軍」（舛添知事）、「無謀なレイテ島攻略を指示した軍参謀本部」（槇文彦氏）にもたとえられている。

新聞も社説や特集で「考え直せ」「白紙に戻せ」と言いはじめた。テレビ番組にもこの問題が頻繁にとりあげられた。最初、世論やマスメディアの冷たさにがっかりしていた私たちは、今度はびっくりした。テレビ局の人は「やれば視聴率がとれますからね」と言い、新国立競技場問題は国民の関心の的になった。

当会ではこの流れの中で、「進行中の計画を中止すること」「簡素で使いやすいスタジアムを計画すること」の二項で国会請願署名を始めることにした。本書の冒頭の方で、四半世紀前、赤れんがの東京駅保存の運動と比べ、今回はネットが使えるので、広まりが早いし楽だと書いたが、ネット経由の顔のみえない人々とのやり取りは時に行き違いや疲労を生んだ。多児貞子が「やっぱり自筆のサインは重いわね」と言った意味はよく理解できた。

私も友人の安富歩さんが描いてくれた「一九四三年、神宮外苑競技場で行なわれた出陣学徒壮行会」の絵を持って、安保関連法案反対の集会などに行き、署名をお願いすると、ほとんどの人が進んで署名してくれた。この二つの問題は別物だが、「国民の声を聞かない民主主義」というところでは同根である。そして安富さんの「競技場の活用例」という絵の題はブラックユーモアのようであり、この先、笑えない現実が来るのかもしれない。多くの人を集める競技場は、いざとなると戦争を遂行するページェントに使われることもありうる。そのためにも、競技場の歴史を振りかえることはいままさに枢要だと思った。

七月十六日、今まで顔を見せなかった安藤忠雄デザイン・コンクール審査委員長の記者会見が行なわれた。安藤さんは「どうして二五二〇億になるかわからない」と首を傾げ、「私はデザインを選んだだけ」とくり返した。しかし自信をもって選んだのなら、ザハ案のどこがすばらしいのか、述べてほしかった。「コンクールの結果を尊重せよ」という建築家からも本質的な擁護を聞いたことはない。さらに当会の公開質問状へのJSCの回答によれば、安藤さんとの契約はデザイン選定で終わるものではなく、新国立競技場の竣工までとなっている。選んでおしまい、というわけではないだろう。またJSCがすでにザハ事務所に一四億七〇〇〇万円、日建設計などの設計チームに三六億円、大成建設と竹中工務店に約七億円を支払済ということも報道で明らかにされた。白紙撤回となれば、税金からおそらく六〇億円ほどの無駄金が出るのであろう。

ついに十七日、安倍首相が白紙撤回を表明した。森喜朗会長は二〇一九年のラグビーワールドカップに新国立競技場が間に合わないことを了承した。しかしその後も、さまざまな憶測が流れ、白紙撤回の「白紙」とは何かについて、文科省もJSCも定見はない。政府は新国立競技場の新しい計画に、内閣府や国土交通省の官僚をも投入し、これまでの経緯や責任を検証する第三者委員会を発足させたが、その動きも旧態依然のようにみえる。文科省の久保公人局長が辞職し、下村文科相は自己都合だとしているが、国民にはトカゲの尻尾切りにしか見えない。またJSCは安倍首相の撤回発言からわずか六日後に有識者会議を解散させ、委員たちの責任を問う気はないようだ。ザハ事務所から「今後も仕様変更をして低コストの設計が可能」という声明も出た。コンペをやり直すともいう。自民党の河野太郎氏は「ゼロオプション」で国立競技場を新たに作らない、日産や味の素スタジアムを改修活用し、無駄なコストもかけない選択肢を提案した。

私は残念ながら白紙撤回発表の十七日、以前からの予定で、二週間ヨーロッパに取材に出かけたが、その間も、仲間たちは国会請願署名を集めた。また、早くからこの計画の見直しを求めた市民グループとして、「手わたす会」への注目が高まり、たくさんのメディアからの取材があった。本来、共同代表は平等であるのに、つねに「作家の森まゆみさんらが共同代表を務める」会と書かれ、そのたびに首をすくめていた私は、仲間たちの堂々たる発言を海外で知りうれしかった。彼女たちは私の不在中に、民主党からのヒアリングを受け、また参議院議員会館内で二〇〇人を超える集会をやってのけ、紹介議員らに六六〇〇人超の国会請願署名、八万七〇〇〇人超の賛同者名簿も届けた。この会には河野太郎（自民党）、蓮舫（民主党）、田村智子（日本共産党）各氏など二〇名以上の国会議員も参加してくれた。

まだまだ、迷走は続くかもしれない。本書はまだ帰趨の見えない段階で本にすることになった。できるだけ早くこの問題の経緯とさまざまな論点を知っていただき、現状をよりましな方向に変えていくのに少しでも役に立ちたいという気持ちからである。この間、コストのことばかり問題にされてきたが、芝生への影響、交通、防災、避難、ヒートアイランド、景観、市民のスタジアム利用、住民の居住権、意思決定への市民参加など、課題は多い。それらの諸問題はまだほとんど論議されず、何ら方向が見えていない。鈴木知幸さんもいうように、スタジアムは安上がりなだけがよいわけではない。新築するとしても設備費をケチると早く劣化するだろうし、ただ安いものがよいのでなく、つつましいが美しいことも大事だ。

また、いままでさまざまな建物の保存運動に関わってきたが、きちんとその過程を記録に残してこなかった。「鉄は熱いうちに打て」というが、時間が経つと記憶が曖昧になってくるし、まとめる意欲も薄れる。そのうちに次の運動が始まる。三〇年間そのくり返しであった。今度こそ、きちんと記録を残したい。

槇文彦さんは今回の新国立競技場問題を「戦後最大の建築論争」と定義したが、私にとっても過去最大の保存運動であったことは間違いない。そして市民にとっては「聞かない民主主義」「引き返せない官僚主義」をくつがえした記念すべき運動であった。さっそく、つくば市でも運動公園計画が住民投票で白紙撤回されることになった。上野千鶴子さんがツイッターで「賛同はしたが、とうてい白紙撤回は出来ないと敗北主義に陥っていた。森さんありがとう」と書いてくださったが、運動の渦中にあるわたしたちも何度、心折れそうになったことか。

本書は二〇一三年十月から二〇一五年七月まで、一年九ヶ月の運動私記であり、文責はいうまでもなく私個人にある。このほかにも建築関係者の間で多くの提案や論議が行なわれたが、あくまで「手わたす会」の活動を軸に記述した。会の文書などを収めることを快く許してくれ、資料整理や校正にも協力してくれたすばらしい仲間たちにまず感謝したい。闘病中も本当に励まされ慰められた。彼女たちの名前と肩書きは本文と資料篇に記してある。私たちは皆元気で、仲良く、運動を始める以前より知見も能力も高まったと感じている。そして運動を通じてたくさんの新しい友人を得た。

また問題の緊急性にかんがみ、急ぎ編集作業を進めてくれたみすず書房と守田省吾さんにも感謝する。最初の公開座談会から建築家会館に足を運び、『みすず』での一四回の連載に伴走してくれた編集者だからこそ、この出版は可能になった。一五章は書きおろしである。また写真家の清水襄さん、勉強会での資料や図版をそのまま使わせてくださった槇文彦さんほか、登壇者の皆さん、カンパや署名で支えてくださった賛同者の方たち、取材し広めてくださった記者たちにも感謝したい。

最後に、私の感動したスタジアムの写真を掲げたい。これはグアテマラの小さな町の中心広場に

2014年３月に訪れたグアテマラで

ある。夜になると町中の人がこの広場に集まってきて、市民のサッカーが始まる。まわりには屋台が出て、みな食べながら飲みながら観戦する。これが本当の市民のためのスポーツ、市民のためのスタジアムの理想の姿ではないだろうか。

これからの数年、日本が安泰とはかぎらない。福島原発事故の収束はいまだみえず、東京直下型地震の可能性も否定できない。そして八月の酷暑の東京で、オリンピックが果たして無事に開催できるのか、それも心もとないと言わざるをえない。

私たちは「力及ばずして」思い出の詰まった前の国立競技場の解体を許した。「改修して使いつづける」という目標はついえたが、もうひとつの「神宮外苑の空と緑を未来へ手わたす」という旗は掲げつづけるつもりだ。次のスタジアムを作るという建築的課題や条件については専門家に任せよう。

「旧」となった国立競技場が壊されたあと、広がった空き地を見て考える。ここにふたたび大きなスタジアムを作る必要があるのか。これだけ放送やネットが発達した世界で、一ヶ所に八万人を集める必要があるのか。

そうだ、木を植えよう。たくさんの切られてしまった木に代わる、何倍ものたくさんの木を植えよう。渋谷川も復活しよう。ここで、ピクニックしたり、ジョギングしたり、川遊びしたりできたらなあ。そのなかに、森に埋もれた小さなスタジアムがあって、ただで観戦できたらいい。ついでにオリンピックの競技もそんな森の中でやって、その緑ゆたかな東京と楽しそうな人々が世界中に映し出されるのもいいな。そう思いませんか？

二〇一五年八月十九日

森　まゆみ

参考文献

飯島洋一『「らしい」建築批判』青土社、二〇一四年
今泉宣子『明治神宮――「伝統」を創った大プロジェクト』新潮選書、二〇一三年
井上亮『天皇と葬儀――日本人の死生観』新潮選書、二〇一三年
内田樹・小田嶋隆・平川克美『街場の五輪論』朝日新聞出版、二〇一四年
後藤健生『国立競技場の100年――明治神宮外苑から見る日本の近代スポーツ』ミネルヴァ書房、二〇一三年
ザハ・ハディッド／ハンス・ウルリッヒ・オブリスト『ザハ・ハディッドは語る』、瀧口範子訳、筑摩書房、二〇一〇年
鈴木知幸＋原科幸彦＋森まゆみ　座談会「国立競技場問題――改修でなければならないこれだけの理由」『世界』二〇一四年八月号
鈴木博之「それでも、日本人は「五輪」を選んだ」『建築ジャーナル』二〇一四年一月号
東郷和彦『戦後日本が失ったもの――風景・人間・国家』角川ｏｎｅテーマ21、二〇一〇年
内藤廣「建築家諸氏へ」二〇一三年十二月　ウェブサイト公開
槇文彦「新国立競技場案を神宮外苑の歴史的文脈の中で考える」『ＪＩＡマガジン』二〇一三年八月号（のちに『新国立競技場、何が問題か』に収録）

槇文彦「それでも我々は主張し続ける」『JIAマガジン』二〇一四年三月号
槇文彦＋平山洋介　対談「成熟都市の「骨格」」『世界』二〇一四年三月号
槇文彦・大野秀敏編著『新国立競技場、何が問題か――オリンピックの17日間と神宮の杜の100年』平凡社、二〇一四年
松隈洋「オリンピック施設の建築史　一～六」共同通信配信、二〇一四年四月～六月
松原隆一郎『失なわれた景観――戦後日本が築いたもの』PHP新書、二〇〇二年
三浦展『日本の地価が3分の1になる！――2020年東京オリンピック後の危機』光文社新書、二〇一四年
森まゆみ編『異議あり！　新国立競技場――2020年オリンピックを市民の手に』岩波ブックレット、二〇一四年
森山高至「「新国立競技場」に断固反対する」『新潮45』二〇一四年四月号
森山高至「建築エコノミスト　森山のブログ」
『春秋』二〇〇三年十二月号、特集・2050年のTOKYO――新国立競技場から考える、春秋社

資料編

「神宮外苑と国立競技場を未来へ手わたす会」
の活動を中心に本書に関連する資料を収めた

1　要望書等リスト
2　国際デザイン競技に関する公開質問状（JSC、審査委宛　2013年12月24日）およびJSCからの回答書（2014年1月31日）
3　新競技場に関する公開質問状（JSC宛　2014年2月27日）
4　国立競技場を壊したくない10の理由（2014年6月9日「手わたす会」のチラシより）
5　解体と樹木伐採への抗議声明（2015年3月5日）
6　現行案に対する緊急市民提言（文部科学省、JSC宛　2015年6月16日）
7　関連年表

【資料1】 要望書等リスト

2013年11月25日　新国立競技場建設再考の要望書（首相、文科省、都、JSC）→回答（首相なし、文科省131216、都131213、JSC131216）
2013年12月24日　国際デザイン競技に関する公開質問状（JSC、審査委）→回答（JSC140131）【資料2】
2014年01月10日-30日　東京五輪と新競技場に関する公開質問状（都知事候補）→回答（140111-140125）
2014年02月27日　新競技場に関する公開質問状（JSC）→回答（JSC140514）【資料3】
2014年03月03-27日　アジェンダ21遵守の要望書（文科省、都、JOC）
2014年03月31日　アジェンダ21遵守勧告の要望書（IOC）
2014年05月21日　解体中止と改修検討の要望書（首相、文科省、都、JSC）
2014年06月10日　解体延期の要望書（首相、東京五輪組委、文科省、都、JSC）
2014年06月23日　建設見直しの陳情書（都議会）不採択
2014年06月23日　「建設に都税を使わない」要望書（都）
2014年07月24日　計画見直しの要望書（財務省）
2014年09月16日　解体工事着手の抗議声明
2014年09月26日　「私たちは決してあきらめない」決意声明
2014年12月29日　解体業者についての質問状（JSC）→回答（JSC150123）
2015年03月05日　解体と樹木伐採の抗議声明（和英）【資料5】
2015年06月04日　混迷解決のためのお願いと質問状（都）
2015年06月16日　現行案に対する緊急市民提言（文科省、JSC）【資料6】
2015年07年09日　「2,520億円の競技場を許さない」声明
2015年07月14日　現行案に関する公開質問状（文科省、JSC）
2015年07月15日　現行案変更容認の要望書（IOC 調整）
2015年07月17日　記者会見に関する公開質問状（審査委）
2015年07月18日　「計画の白紙撤回を受けて」声明

【資料2】 国際デザイン競技に関する公開質問状（JSC、審査委）および回答書

2013年12月24日

独立行政法人日本スポーツ振興センター 理事長
河野一郎 様

国立競技場将来構想有識者会議　建築WG座長
新国立競技場基本構想国際デザイン競技 審査委員長
安藤忠雄 様

神宮外苑と国立競技場を未来へ手わたす会 共同代表
大橋智子（大橋智子建築事務所）
上村千寿子（景観と住環境を考える全国ネットワーク）
酒井美和子（デザイナー・まちまちnet）
清水伸子（一般社団法人グローバルコーディネーター）
多田君枝（『コンフォルト』編集長）
多児貞子（たてもの応援団）
日置圭子（地域文化企画コーディネーター・粋まち代表）
森桜（アートコーディネーター・森オフィス代表）
森まゆみ（作家・谷根千工房）
山本玲子（全国町並み保存連盟）
吉見千晶（住宅遺産トラスト）

公開質問状「新国立競技場の国際デザイン競技に関するご回答のお願い」

時下、ますますご清祥のことと存じます。

先日は、「新国立競技場再考の要望書」の質問事項にご回答いただきまして、ありがとうございました。

しかし、要望書へのご回答内容や、自民党による公開ヒアリングでの答

弁、また審査委員のご発言をもってしても、私たちの疑問を払拭することはできませんでした。

私たちは、東京五輪が開催されるのであれば、大会とともに新国立競技場の計画についても、より多くの人々の賛同を得て進められることを願っています。そのためには、現在、多くの人々が感じているデザイン競技のプロセスへの疑問が晴れることが大切だと考えています。

つきましては、デザイン競技を主催された日本スポーツ振興センターと、有識者会議建築WG座長であり、デザイン競技審査委員長の安藤忠雄さんに下記18点のことをお尋ねします。

お手数ですが、2014年1月20日までにご回答くださいますよう、よろしくお願い申しあげます。

なお、この質問状は、多くの賛同者や国民の疑問を背景にしておりますので、質問事項とご回答内容を当会のホームページなどで公開するとともに、マスコミにも告知させていただく予定です。

(1) 募集要項について

Q01. 募集要項は、いつ、どなたが、どのようにして決めたのでしょうか？

「新国立競技場基本設計条件（案）」によると、募集要項を検討したのは建築WG（座長：安藤忠雄さん）と記されています。建築WGメンバー全員のお名前と専門分野、WGで果たされた役割をお教えください。

また募集要項を決めたときの議事録を公開してください。

議事録がない場合はその理由をご説明の上、各メンバーの発言概要を文書でご回答ください。

Q02. なぜ、建物の高さを70mと設定したのでしょうか？

募集要項作成時には、20mの高さ制限があったにもかかわらず、70mとされた根拠をご説明ください。所在地の新宿区の都市計画審議会、景観審議会、区議会では、この規制緩和について厳しい指摘が出されています(＊)。これらの指摘について、どのようにお考えでしょうか。なぜ、要項作成前に、新宿区の都市計画審議会、景観審議会、区議会に意見を求めなかったのでしょうか。

＊　新宿区都市計画審議会（2013/3/27）

デザインの公募が先で、都市計画の変更が後というのは、問題なのではないか。

＊　新宿区景観審議会（2013/3/18）

今までの新宿区の努力で高さ制限をがんばってきたのに、なぜ、一気に80mまで緩和なのか。

景観審議会としていいというわけにはいかない。

Q03. なぜ、敷地を現国立競技場の1.5倍以上の113,000㎡に拡大したのでしょうか？

現在の国立競技場のみならず、隣接する明治公園、日本青年館、都営霞ヶ丘アパートの敷地と、その間を通る道路まで廃止する計画ですが、どなたがどのような検討をした結果、この方針が決められたのでしょうか？

Q04. なぜ、予算が1,300億円なのでしょうか？

予算設定の際、参考にされたという日産スタジアムが約600億円、またロンドン五輪のメインスタジアムは約800億円（４億8,600万英ポンド）です。また、要望書へのご回答では、日本スポーツ振興センターは、2011年度に現在の国立競技場の耐震改修基本計画を実施され、777億円の試算が出たことを教えてくださいました。そして、この試算をもとに改修は「建替えに近い700億円程度かかることが判明し、建替えを決断」したと報道されています（『日本経済新聞』2012/7/27）。これらを考え合わせると、なぜ、参考額の600-800億円をはるかに越える1,300億円を予算として設定されたのでしょうか？　その根拠をお教えください。

Q05. 防災、交通、避難計画、環境への影響を検討されましたか？

今回のように大規模な計画の場合、募集要項作成時に都市的スケールの検討が必要不可欠です。巨大な建物により空地が失われますので、地域の防災計画について、またイベント時の80,000人の観客と車の誘導と処理、緊急時の避難計画、さらにはビル風やヒートアイランド現象など周辺環境に与える影響についての検討が必要です。こうした都市的な課題を各分野の専門家にお訊きになりましたか？　お訊きになった場合は、どなたがど

のような検討をされたのか、お教えください。

Q06. なぜ、募集要項で、敷地の特徴である風致地区や歴史性について説明されていないのでしょうか？　なぜ、現在の国立競技場の説明と図面が紹介されていないのでしょうか？

Q07. なぜ、収容人数を80,000人とし、全席常設にしたのでしょうか？

国際オリンピック委員会が定める陸上競技場の基準は60,000人です。またロンドン五輪のメインスタジアムでは、80,000人のうち３分の２以上の55,000人分が仮設席でした。８万人分の席をすべて常設でつくらなくてはいけない必然性をお教えください。

Q08. なぜ、開閉式の屋根が必要なのでしょうか？

可動式の屋根をつけると建設費に加え、保守点検費、空調や照明の設備費・運転費が莫大になります。さらに大地震などの自然災害で屋根が落下する危険性があり、避難所としての機能を失います。積雪時や強風時には屋根は開けてイベントを中止するそうですが、そうであれば、そもそも屋根をかける必要があるのでしょうか？　屋根をかけることでコンサート等の文化イベントにより、年間10億円の収益が上がると想定されていますが、上記の建設費や維持費、リスクを考え合わせるととても見合うものとは考えられません。これらのことを募集要項作成のときに検討されましたか？可動式屋根をつけなくてはならない必然性をお教えください。

(2)　審査について

Q09. 審査委員のメンバーは、どなたが決められたのでしょうか？

なぜ、審査委員に、都市計画、防災、交通、環境の専門家が入っていないのでしょうか？

Q10. なぜ、リチャード・ロジャース氏とノーマン・フォスター氏の不参加を事前に知っていたのにもかかわらず、彼らに審査をお願いしたのでしょうか？

お２人には、どの段階でどなたがどのように応募作品を説明し、彼らか

らはどのような講評を得たのでしょうか？　そしてそれは、審査にどのように反映されたのでしょうか？　お２人の投票内容もお教えください。

Q11. 各審査委員は、審査でどのような発言をされたのでしょうか？

発言者と発言内容、投票結果がわかる議事録を公開してください。議事録がない場合は、その理由をご説明の上、自民党に提出された審査経過報告書を公開してください。建物の規模、建設費と維持費、周辺環境との調和や歴史の連続性について、どなたがどのような発言をされたのか、お教えください。

Q12. なぜ、ザハ・ハディド氏の案が最優秀賞になったのでしょうか？

ザハ・ハディド氏の案は、当初から敷地を大きくはみだしていたので、そもそも募集要項を満たしていません。また予算をはるかに越えることは建築の専門家であれば、容易に予測がつきます。それにもかかわらず、なぜ、安藤忠雄さんは、ザハ・ハディド氏の案を選んだのでしょうか？　その理由をお教えください。

Q13. 日本スポーツ振興センターは、審査委員とどのような契約を結んだのでしょうか？

欠席した英国のお２人をふくめ、各審査委員との契約内容をお教えください。契約期間と報酬金額をお示しください。

(3)　現在の縮小案について

Q14. 現在の縮小案は、当選案とはまったく異なるものになっています。ここまで大幅に変わってしまったら、審査で選んだ当選案がそもそもおかしかったということになりませんか？　審査そのものをやり直した方がいいという声が多く上がっていますが、お考えをお示しください。

Q15. 縮小案の作成は、日建設計を中心とする日本側の設計チームによって行われたはずですが、ザハ・ハディド氏との調整は、どなたがどのように行ったのでしょうか？

Q16. 現在の縮小案を実行し、1,852億円以上かかった場合、どなたが超過分の費用を負担されるのでしょうか？　またその責任はどなたが取られるのでしょうか？

縮小案では、延床面積が約75％に縮小され、建設費は3,000億円の約60％の1,852億円になったと発表されましたが、この縮小率の違いからも明らかなように、1,852億円ではとても納まらないと予測する専門家が数多くいます。

(4)　デザイン監修者について

Q17. 日本スポーツ振興センターは、ザハ・ハディド氏とどのような契約を結んでいるのでしょうか？　自民党に提出された契約書を公開してください。ザハ・ハディド氏には13億円が支払われるそうですが、これはどのような名目のお金なのでしょうか？　デザインを変更した場合の許諾費用とザハ・ハディド案を採用しなかった場合の違約金額、契約期間をお教えください。

(5)　市民の参加について

Q18. 安藤忠雄さんは、デザイン競技開催にあたり、下記のメッセージを公開されています。「プロセスには、市民誰もが参加できるようにしたい。専門家と一緒にみんなでつくりあげていく。「建物」ではなく「コミュニケーション」」。新国立競技場の計画のプロセスに市民が参加できて、民意を反映できるのなら、素晴らしいことです。ぜひ、その具体的な参加方法をお教えください。

私たちもできるかぎりのご協力をすることを、お約束します。

JSCからの回答書

平成26年１月31日

神宮外苑と国立競技場を未来へ手わたす会御中

独立行政法人日本スポーツ振興センター
理事長　河野一郎

平成25年12月24日付けで貴会よりありました公開質問状「新国立競技場の国際デザイン競技に関する回答のお願い」については、下記のとおり回答いたします。

記

Q01. 募集要項は、いつ、どなたが、どのようにして決めたのでしょうか？

◆本センターのお答

新国立競技場の将来構想については、「国立競技場将来構想有識者会議（委員長：元日本国政府ユネスコ代表部特命全権大使　佐藤禎一氏）」を平成24年３月に設置し、将来構想の検討を行うとともに基本構想デザイン案を募ることを目的として「新国立競技場基本構想国際デザイン競技」（以下、デザイン競技という。）を行うことが提案され、日本スポーツ振興センターとして行うことを決定しました。

募集要項については、同有識者会議の下に設置されたスポーツ WG（座長：日本サッカー協会名誉会長　小倉純二氏）・文化 WG（座長：作曲家　都倉俊一氏）からの要望を、建築 WG（座長：建築家　安藤忠雄氏）がとりまとめ、同デザイン競技募集要項の検討を行い、同年７月同有識者会議で了承されました。

なお、施設建築ワーキンググループ委員は次の方々にお願いしております。

安藤忠雄氏（施設建築 WG 座長）、鈴木博之氏（建築計画・建築史）、岸井隆幸氏（都市計画）、内藤廣氏（建築計画・景観）、安岡正人氏（環境・建築設備）

また、議事概要等については、現在公表に向けた準備を進めているところです。

Q02. なぜ、建物の高さを70mと設定したのでしょうか？

◆本センターのお答

新しく整備する競技場では、スポーツ基本計画で謳われている大規模競技大会が開催できる競技場であるとともに、スポーツ利用のない時でも文化的利用を行うことができる大規模集客施設であること、また、神宮外苑という地域性への配慮と環境性能にも優れた、世界に誇れるスポーツ・文化の拠点となることが求められたところです。

平成24年７月に開催した国立競技場将来構想有識者会議（第２回）において８万人規模の観覧席を整備することなどとりまとめられた新競技場に求められる要件（目指すスタジアムの姿）は以下のとおりで、この要件を満たすため、建設に必要と考えられる敷地として約113,000㎡、建物の高さは70m程度の規模を想定したところです。

○大規模な国際競技大会の開催が実現できるスタジアム

・国家プロジェクトとして、世界に誇れ、世界が憧れる次世代型スタジアムを目指す

・アスリートやアーティストのベストパフォーマンスを引き出す高性能なスタジアムを目指す

○観客の誰もが安心して楽しめるスタジアム

・世界水準のホスピタリティ機能を備えたスタジアムを目指す

・開閉式の屋根や、ラグビー、サッカー及び陸上いずれの競技の開催においても、競技者と観客に一体感が生まれる観覧席を備えた、快適で臨場感あふれるスタジアムを目指す

○年間を通してにぎわいのあるスタジアム

・コンサート等の文化的利活用を楽しめる工夫が施され、特に音響に配慮された多機能型スタジアムを目指す

・各種大会や文化利活用がない時でも気軽に楽しめる商業・文化等の機能を備えたスタジアムを目指す

○人と環境にやさしいスタジアム

・最先端の環境技術を備え、緑あふれる周辺環境と調和するスタジアムを目指す

・震災等の災害発生時にも安全で、避難・救援等に貢献できるスタジアムを目指す

・スタジアム内外及び周辺駅からのバリアフリーに配慮されたスタジアムを目指す

なお、国際デザインコンクール応募作品の審査の結果、平成24年11月15

日にザハ氏のデザイン案を最優秀作品として決定し、このデザイン案を基に都市計画法（昭和四十三年六月十五日法律第百号）はじめ関係法令等に従い、都市計画企画提案等所要の手続を行い、平成25年6月17日に都市計画決定されたところです。

Q03. なぜ、敷地を現国立競技場の1.5倍以上の113,000㎡に拡大したのでしょうか？

◆本センターのお答

Q02.の回答のとおりです。

Q04. なぜ、予算が1,300億円なのでしょうか？

◆本センターのお答

新国立競技場の総工費は、日産スタジアム等の工事費を参考としておりますが、新国立競技場は、球技・陸上などの国際大会の開催を可能とし、スポーツ・文化の拠点ともなるよう、日産スタジアムとは異なる条件の下で試算したものです。

試算の内訳については、別添の資料（本書には収録せず）をご覧ください。

Q05. 防災、交通、避難計画、環境への影響を検討されましたか？

◆本センターのお答

新国立競技場の建設計画は、現在の国立霞ヶ丘競技場の改築を前提として実施しておりますが、当初の検討からスタジアムの施設建築敷地だけでは、防災、交通、避難計画上の課題があると認識しており、このため、周辺駅からのアクセスや周辺の関連敷地と一体となったバリアフリールート、人溜り空間の提案を行っています。

Q1.の回答に記載するとおり、すでに防災等の課題については募集要項作成の段階から施設建築WGの委員のご意見等を踏まえて盛り込んでおり、詳細な検討については設計作業を通じて行うこととしています。

Q06. なぜ、募集要項で、敷地の特徴である風致地区や歴史性について説明されていないのでしょうか？　なぜ、現在の国立競技場の説明と図面が紹介されていないのでしょうか？

◆本センターのお答

Q2. の回答に記載するとおり、募集要項においては「緑あふれる周辺環境と調和するスタジアムを目指す」ことを新競技場に求められる要件（目指すスタジアムの姿）として示しています。このような条件を設定することにより、新しい競技場が置かれる敷地の状況を踏まえた新国立競技場の基本構想デザインを求めています。

また、現在の国立競技場の図面については、募集要項の質疑応答の際の追加資料として提示しております。

さらに、航空写真や周辺の現況写真など、参考資料として提示しております。

Q07. なぜ、収容人員を80,000人とし、全席常設にしたのでしょうか？

◆本センターのお答

新国立競技場は50年、100年使用する計画であり、サッカー日本代表戦や、コンサートなど、8万人規模のイベントも行う予定です。また、FIFA ワールドカップサッカーや世界陸上などの国際競技大会を誘致することも想定しており、イベントの都度、仮設席を設置・解体することは経済的側面から合理的ではないと考えております。

なお、ロンドンオリンピックスタジアムの整備計画は、観客席の下層部に25,000席を恒久的な席、上層部に5万5千席の仮設席を整備して、オリンピック・パラリンピックを開催し、終了後は、仮設席5万5千席を撤去して売却する計画だったと聞いています。その後、サッカーイングランドプレミアリーグ所属チームであるウェストハムのホームスタジアムとして60,000人規模のスタジアムに再整備されるとの報道があったところです。

これは、ロンドン市内にウェンブリー・スタジアム（9万人収容）、トゥイッケナム・スタジアム（8.2万人収容）のように、8万人規模のスタジアムが存在しているため、このような整備計画が策定されたものと考えており、8万人規模のスタジアムは存在していない日本とは事情が異なると考えています。

Q08. なぜ、開閉式の屋根が必要なのでしょうか？

◆本センターのお答

国内外のスタジアムでは、限られたスポーツイベント以外の利用を積極的に取り入れ、収入を上げるように取り組んでおり、特にホームチームを

有しないスタジアムにおいて、利用率を高め収益を上げるために、コンサートなどスポーツ以外の利用を積極的に実施しています。

ラグビーワールドカップやオリンピック・パラリンピック競技大会などのスポーツイベントだけでなく、コンサートなどの文化的なイベント利用を考慮した場合には、天候に係わらず安定的に開催し増収を図る観点からも、屋根の一部が稼働する開閉式屋根の設置は必要と考えています。

また、コンサート等のイベント時の競技場内の音響性能や、周辺地域への音漏れに対する配慮としても有効と考えています。

このようなことを踏まえ、政府部内で検討いただいた結果、その必要性から、開閉式屋根の設置が認められたものと考えています。

Q09. 審査委員会のメンバーは、どなたが決められたのでしょうか？

◆本センターのお答

「新国立競技場基本構想国際デザイン競技」の審査委員は、その主催者である独立行政法人日本スポーツ振興センターにおいて委嘱しています。

審査委員会委員は、次の方々にお願いしています。

一次審査においては、施設建築に係る有識者として安藤忠雄氏（委員長)、鈴木博之氏（建築計画・建築史)、岸井隆幸氏（都市計画)、内藤廣氏（建築計画・景観)、安岡正人氏（環境・建築設備）に、スポーツ利用に係る有識者として小倉純二氏に、文化利用に係る有識者として都倉俊一氏に、そして主催者として本センター理事長河野一郎で構成し、二次審査においては、一次審査に携わっていただいた方々に加え、外国の著名な建築家として、ノーマン・フォスター氏とリチャード・ロジャース氏にお願いいたしました。また、併せて専門アドバイザーを和田章氏（建築構造）にお願いしたところです。

Q10. なぜ、リチャード・ロジャース氏とノーマン・フォスター氏の不参加を事前に知っていたにもかかわらず、彼らに審査をお願いしたのでしょうか？

◆本センターのお答

外国人審査委員としてお願いしたリチャード・ロジャース氏、ノーマン・フォスター氏の審査委員会への出席については、日程調整等に努めましたが、結果として、ご出席がかないませんでしたが、両氏には、二次審

査に入る前、一次審査で選ばれた作品をご説明し、各作品の評価や投票をしていただき、その内容も含め二次審査で審査したところです。

なお、本年度内に国際デザインコンクールの報告書を作成する予定ですので、審査概要についてはこちらをご覧いただければと思います。

Q11. 各審査委員は、審査でどのような発言をされたのでしょうか？

◆本センターのお答

Q10.でお答えしたとおり、本年度内に国際デザインコンクールの報告書を作成する予定ですので、審査概要についてはこちらをご覧いただければと思います。

Q12. なぜ、ザハ・ハディド氏の案が最優秀賞になったのでしょうか？

◆本センターのお答

本センターホームページに掲載されているデザインコンクール審査講評をご覧ください。

Q13. 日本スポーツ振興センターは、審査委員とどのような契約を結んだのでしょうか？

◆本センターのお答

デザインコンクール審査委員は、「新国立競技場基本構想国際デザイン競技審査委員会設置要綱」第2条に規定する審議事項等の審議のため委嘱しています。

なお、審議事項等は次のとおりです。

（抄）

（審議事項等）

第2条　審査委員会においては、次に掲げる事項を審議する。

(1)　デザイン競技の募集要項に関すること。

(2)　デザイン競技の応募作品の審査に関すること。

(3)　その他デザイン競技に必要な事項に関すること。

2　前項に規定する審議事項のほか、新国立競技場基本構想デザイン競技募集要項20（デザイン監修、設計及び工事との関連）に規定するデザイン監修について、必要な助言を行うことができる。

また、本審査委員会委員の委嘱報酬については、文部科学省の基準に倣

い設定しております。

（参考）
委員長
会議出席謝金　23,000円／１回
委員
会議出席謝金　19,900円／１回
審査謝金　　　4,300円／１時間
なお、委嘱期間は、「平成24年９月26日から新国立競技場の竣工まで」としています。

Q14. 現在の縮小案は、当選案とはまったく異なるものになっています。ここまで大幅に変わってしまったら、審査で選んだ当選案がそもそもおかしかったということになりませんか？　審査そのものをやり直したほうがいいという声が多く上がっていますが、お考えをお示しください。

◆本センターのお答

平成24年11月15日、「国立競技場将来構想有識者会議（第３回）」においてザハ・ハディド・アーキテクツの作品を最優秀作品として決定し、基本設計を行う前段階としてザハ・ハディド・アーキテクツのデザイン監修のもとにフレームワーク設計を進めてきたところです。

Q15. 縮小案の作成は、日建設計を中心とする日本側の設計チームによって行われたはずですが、ザハ・ハディド氏との調整は、どなたがどのように行ったのでしょうか？

◆本センターのお答

縮小案の作成は、フレームワーク設計の中で、ザハ・ハディド・アーキテクツのデザイン監修のもとに日建設計・梓設計・日本設計・アラップジャパンの４社JVにより行われています。

Q16. 現在の縮小案を実行し、1,852億円以上かかった場合、どなたが超過分の費用を負担されるのでしょうか？　またその責任はどなたが取られるのでしょうか？

◆本センターのお答

国立競技場改築に係る経費については、国費のほかスポーツ振興くじ（toto）の売り上げの一部を充てることを考えています。さらに、国と東京都においては、当該経費の負担等について協議中と聞いております。本センターとしては、昨今の建設物価高騰への対応、工期厳守対策、オリンピック・パラリンピック競技大会開催への対応を考慮しつつも、政府の方針に沿い、今後も可能な限り建設コスト縮減に努めることとしています。

Q17. 日本スポーツ振興センターは、ザハ・ハディド氏とどのような契約を結んでいるのでしょうか？　自民党に提出された契約書を公開してください。ザハ・ハディド氏には13億円が支払われるそうですが、これはどのような名目のお金なのでしょうか？　デザインを変更した場合の許諾費用とザハ・ハディド案を採用しなかった場合の違約金額、契約期間をお教えください。

◆本センターのお答

ザハ・ハディド・アーキテクツとは「新国立競技場フレームワーク設計に関するデザイン監修業務」の契約を締結し、フレームワーク設計監修業務終了後は、基本設計デザイン監修業務の契約を締結しています。従いまして、ザハ・ハディド・アーキテクツに支払うものは当該業務の対価となります。

なお、契約期間につきましては、それぞれの業務が終了するまでとなりますが、違約金額等契約内容については公表しておりません。

Q18. 安藤忠雄さんは、デザイン競技開催にあたり、下記のメッセージを公開されています。「プロセスには、市民誰もが参加できるようにしたい。専門家と一緒にみんなでつくりあげていく。「建物」ではなく「コミュニケーション」」。新国立競技場の計画のプロセスに市民が参加できて、民意を反映できるのなら、素晴らしいことです。ぜひ、その具体的な参加方法をお教えください。

◆本センターのお答

日本スポーツ振興センターでは、「新国立競技場基本構想国際デザイン競技」においては、広く国民の皆様にお知らせさせていただいております。これまでも、関係各方面からのご意見を踏まえて基本設計条件をまとめさせていただきました。

現在、国立競技場改築事業は基本設計に着手したところで、今後、国立競技場解体、新国立競技場建設というプロセスを経ていくこととなりますが、この過程においては、東京都とも連携しつつ、広く関係者の意見が反映されるよう様々な取組みを進めていくよう努めることとしています。具体的には、地元関係者への説明会やご意見を持っている方々に対するきめ細やかな説明など、今後とも国民の皆様への情報発信に努めていきたいと考えています。

【資料3】 新競技場に関する公開質問状（JSC）

2014年2月27日

独立行政法人日本スポーツ振興センター 理事長
河野一郎 様

神宮外苑と国立競技場を未来へ手わたす会 共同代表
（共同代表人名・肩書は略）

公開質問状「新国立競技場に関するご回答のお願い」

時下、ますますご清祥のことと存じます。

先日は、公開質問状「新国立競技場の国際デザイン競技に関するご回答のお願い」にご回答いただきまして、ありがとうございました。

しかし、ご回答の内容は、残念ながら、私たちの質問に正面から答えていただけていないものが多く、疑問を払拭することができませんでした。つきましては、さきにお送りした要望書「新国立競技場再考の要望書」へのご回答内容も含め、改めまして、下記19点をお尋ねします。お手数ですが、2014年3月20日までにご回答くださいますよう、よろしくお願い申しあげます。なお、この質問状は、14,000人の賛同者の疑問を背景にしておりますので、質問事項とご回答内容を当会のホームページなどで公開するとともに、マスコミにも告知させていただく予定です。また次回は、ご回答内容をもとに面談による質疑応答をお願いしたいと思います。

「新国立競技場再考の要望書」（2013年11月25日質問→12月16日ご回答）

3. 観客の誘導計画について

「入退場や災害時の誘導避難については、基本設計の中で検討して行く」とありますが、誘導計画は、観客や地元住民が最も懸念する点です。基本設計が終わった段階で、誘導計画を公表してください。公表方法と時期を

お教えください。

6. 収支計画について

6-1. 収支計画の試算について「第三者の専門機関に審査を依頼している」とありますが、機関名をお教えください。

6-2. また収入の名目を示されましたが、その後、当会の調査により下記の内訳金額が明らかになりました。

1）企業賃貸スペース（パートナー収入）18億4,400万円

2）会員シート・迎賓 9 億600万円

3）興行事業 9 億6,200万円

4）コンベンション事業 4 億7,400万円

5）フィットネス事業 1 億3,500万円

6）物販・飲食事業 1 億5,400万円

7）その他8,000万円

合計45億5,500万円

6-2-1. その後、収入の試算が50億円になったようですが、どの部分が増額したのか、お教えください。

6-2-2. この中で高額の 1）企業賃貸スペース 2）会員シート・迎賓については、さらなる内訳をお教えください。

6-2-3. 特に 3）の興行事業については、下記をお教えください。

6-2-3-1. 基本料金は 1 日5,000万円で間違いないでしょうか？　陸上競技関係者からは、味の素スタジアム（1 日1,000万円）でさえ高くて払えないと聞いています。基本料金は、利用者のジャンル（球技、陸上、音楽）を問わず一律なのでしょうか？　異なる場合は、ジャンルに応じた料金ランクをお教えください。

6-2-3-2. 現国立競技場の使用料は「基本料金＋附属料＋入場料×10%」と聞いていますが、新国立競技場の料金設定をお教えください。

6-2-3-3. 興行事業で見込まれるスポーツの大会名、音楽家名、利用日数、入場者数、収入金額を具体的にお教えください。

6-2-3-4. スポーツの大会については、サッカー20日、ラグビー 5 日、陸上11日の利用を見込んでいるそうですが、具体的な大会名をお教えください。

7. 平成23年度の改修基本計画について

平成23年度に現国立競技場の改修基本計画の検討がなされ、工事費の試算は777億円であったと回答されています。一方、改修できない理由は、130㎡の範囲が突出し、東京都から既存不適格の指摘を受けており、９レーンへの改修もできないとしています。

7-1. 既存不適格部分について、これまで東京都に借用料を払い、何ら問題にならなかったのは、なぜでしょうか？

7-2. 既存不適格部分は、1964年の増築時以降突出していますが、東京都は50年もの長期間、この部分をどのように扱ってきたのでしょうか？

7-3. 改修基本計画のような大規模改修において、既存不適格部分を改修することは可能ではないでしょうか？　改修できないと判断された理由を具体的にお示しください。

7-4. 改修基本計画では競技場の地下を掘り、メインスタンドの建替えもする大規模な改修ですが、トラックの９レーンへの改修は可能ではないでしょうか？　改修できないと判断された理由を具体的にお示しください。

7-5. 上記等の理由で改修ができないと結論づけていますが、実施できないものになぜ777億円という試算を行ったのでしょうか？

7-6. 改修ではなく建替えを視野に入れた抜本的な見直しが必要と報告されたとありますが、この報告はどなたがいつ行ったのでしょうか？

「新国立競技場の国際デザイン競技に関するご回答のお願い」
（2013年12月24日質問→2014年1月31日ご回答）

⑴　**募集要項について**

Q01. 募集要項の検討過程について

募集要項について「議事概要等の公表に向けた準備を進めている」そうですが、

Q01-1. 概要の公表方法と時期をお教えください。

Q01-2. 概要だけでなく、議事録も公開してください。公開方法と時期をお教えください。

Q04. 予算1,300億円の理由

別途資料「新国立競技場建設費」によると、競技場の本体建設工事は、約922億円と試算されています。これは日産スタジアムをベースにしたとありますが、日産スタジアムが約600億円に対して、なぜ、1.5倍以上の約922億円としたのか、理由をお教えください。

Q06. 風致地区と歴史性について

コンクールの応募者には「航空写真や現況写真を参考資料として提示した」とのことですが、敷地の特徴である風致地区、歴史性についてはどのように説明されたのでしょうか？　特にザハ・ハディド氏ら海外の応募者にはどのように提示したのでしょうか？

Q07. 8万人収容を常設にする理由

Q07-1.「新国立競技場は50年、100年使用する計画」とのことですが、少子高齢化・多死社会を迎えた日本で50年先、100年先まで8万人収容の巨大スタジアムを使い続けることが可能でしょうか？「ワールドカップサッカーや世界陸上などの国際競技大会を誘致する」とありますが、そうした大会は数年に1度のことです。ワールドカップや世界陸上以外に想定される8万人規模のスポーツの大会やコンサートの名称を具体的にお教えください。

Q07-2.「すでに8万人規模のスタジアムが存在するロンドンと、存在していない日本では事情が異なる」とのことですが、ロンドンのオリンピックスタジアムは仮設だったからこそ、8万人から6万人に減築できたわけです。また東京近郊にも、すでに日産スタジアム（約7.2万人）、埼玉スタジアム（約6.3万人）、味の素スタジアム（約5万人）があります。この規模の競技場でさえ収支比率は60％以下です。8万人を常設でつくってしまえば簡単には減築できず、収支は厳しくなり、さらに他の競技場を圧迫することにもなりかねません。この状況下で8万人収容を常設でつくらなくてはならない根拠をお教えください。

Q08. 開閉式屋根

Q08-1. 開閉式屋根の技術的な問題

Q08-1-1. 開閉式屋根の材質として、フッ素樹脂ETFEの使用を検討され

ていると聞きましたが、これは耐火性に問題があり日本国内の屋根での使用は認可されていません。耐火性の問題をどのように解決されるのか、お教えください。

Q08-1-2. 建築構造設計家の今川憲英さんは、「キール構造は、雪の重みでたわむ危険性がある」と指摘されています。雪害対策について、お教えください。

Q08-1-3. 世界各国で観戦経験のあるサッカージャーナリストの後藤健生さんは、「高さ70mのドーム状の屋根では、屋根が高すぎるため、雨風が競技場内の観客席にまで吹き込み、ほとんど役に立たない」と指摘しています。ゲリラ豪雨など昨今の急変する天候について、どのように対応されるのか、お教えください。

Q08-2. 開閉式屋根を最終的に決めた人物

「政府部内で検討いただいた結果、その必要性から、開閉式屋根の設置が認められた」とありますが、「政府部内」とは具体的にどなたのことでしょうか？

Q08-3. 開閉式屋根をかける根拠としての文化イベント

Q08-3-1. 現国立競技場で開催された文化イベントの実績をお教えください。過去5年（2009年—2013年）の音楽家名、使用日数、入場者数、収入金額をお示しください。

Q08-3-2. 新国立競技場で見込んでいる文化イベントを具体的にお教えください。開場から向こう5年（2019年—2023年）の音楽家名、使用日数、入場者数、収入金額などをお示しください。

Q08-4. 屋根の開閉にかかる費用と時間

開閉式の屋根について、参議院予算委員会での答弁によると、開閉にかかる費用は1回につき「電気代10,000円」とのことでしたが、電気代以外の人件費等を含めた経費の総額をお示しください。また、屋根の開閉にかかる時間もお教えください。

(2)　審査について

Q09. 審査委員を選んだ人物

10人の審査委員を選んだのは、どなたでしょうか？　なぜ、審査委員に防災、交通の専門家がいないのでしょうか？

Q10. イギリス人審査委員について

２人のイギリス人審査委員について「日程調整等に努めましたが、結果として、ご出席がかないませんでした」とありますが、自民党無駄撲滅プロジェクトチームには「そもそも審査日程が最初から合わなかったので来日していない」と回答されています。

Q10-1. そもそも日程が合わない人に審査委員をお願いすること自体に問題があるのではないでしょうか？　２人のイギリス人を審査委員に選んだ理由をお教えください。

Q10-2.「二次審査に入る前、一次審査で選ばれた作品をご説明し、各作品の評価や投票をしていただき」とありますが、これは、どなたが渡英して説明に行かれたのでしょうか？

Q10-3. イギリス人審査委員の審査内容と投票結果を公開してください。公開方法と時期をお教えください。

Q10-4. 審査委員の委嘱期間は、新国立競技場の竣工までと回答されましたが、イギリス人審査委員は今後も来日しないまま審議を続けるのでしょうか？　その場合は、どなたが他の審査委員との調整をして審議を進めるのでしょうか？

Q11. 審査内容について

「本年度内に国際デザインコンクールの報告書を作成する予定」とありますが、

Q11-1. 報告書の公表方法と時期をお教えください。

Q11-2. 報告書だけでなく、議事録を公開してください。議事録の公開方法と時期をお教えください。

Q11-3. 特に、各審査委員の発言内容と投票結果をお示しください。

Q11-4. 特に、敷地と建設予算の両面で募集要項を満たさなかったザハ・ハディド氏の案が選ばれた理由をお示しください。

Q13. 審査委員の報酬と審査時間

審査委員の審議事項と報酬をお教えいただきましたが、１回あたりの謝

金だけでなく、各審査委員に、これまで支払った報酬総額と審査にかけた時間をお教えください。(イギリス人2人を含む)

(3) 現在の縮小案について

Q14. 審査の公平性

コンクールに応募した建築家の伊東豊雄さんは「一度コンクールで決定したデザインがあとから改変されるのは、明らかに公平性を欠いている。夢のようなプランを出してコンクールを勝ち抜き、あとで大幅に修正することが許されるのなら、コンクール案は何でもありになってしまう」また、学者の中沢新一さんは「変更後のデザインを最初のコンクールに出していたら、果たして最優秀賞に選ばれたでしょうか？」と問うています。上記以外にもコンクールや審査をやり直した方がいいという声が数多く上がっています。コンクールの主催者として、審査の公平性をお示しください。

Q15. 監修者と設計者の調整

当選案から現在の縮小案にいたるまで、大幅な変更が加えられましたが、デザイン監修者（ザハ・ハディド・アーキテクツ）と設計担当者（日建設計ほか4社JV）との調整は、どなたが行っているのでしょうか？

(4) デザイン監修者について

Q17. 監修者の業務と報酬

Q17-1. ザハ・ハディド・アーキテクツのデザイン監修業務とは具体的にどのような仕事を指すのか、お教えください。

Q17-2. 監修費について、自民党無駄撲滅チームには13億円と回答されていますが、参議院予算委員会では3億円と答弁されています。正確な金額と支払時期をお教えください。

Q17-3. ザハ・ハディド・アーキテクツとは、フレームワーク設計と基本設計のそれぞれで監修業務の契約を締結しているようですので、2つの監修費の内訳もお教えください。

(5) 市民の参加について

Q18. 情報公開と説明責任

デザインコンクールについて「広く国民の皆様にお知らせしている」と

ありますが、以上の質問からも明らかなように、コンクールの経緯や審査過程は、国民にほとんど知らされていないのが現状です。また河野太郎議員は「国立競技場のデザインに関して、JSCが批判的な記事や本にはデザイン案の掲載を認めないなどと恫喝している事実が複数確認された。国民の税金で造られる施設であり、批判されるだけの理由があるにもかかわらず、このような対応をしていることはJSCの当事者能力が疑われる」と述べています。

Q18-1. 今後、JSCの情報公開への姿勢が大きく問われると思われます。情報公開の具体的な方法をお示しください。

Q18-2. ご回答では「広く関係者の意見が反映されるよう様々な取組みを進めていく」とありますが、ここで言う「関係者」と「様々な取組み」とは具体的に何を指すのか、お教えください。

Q18-3.「地元関係者への説明会」の開催日と場所をお教えください。地元では「JSCに訊いても「検討中」と答えるばかりで、計画がすべて決まってから結果だけ説明されても、地元の要望が反映されないのではないか」という懸念の声が広がっています。

新規質問：「新国立競技場に関するご回答のお願い」

問1. 支出について

問1-1. 現在の国立競技場の年間維持費は約5億円と聞いています。この5億円の内訳を具体的にお教えください。

問1-2. 現国立競技場の過去5年（2009年—2013年、代々木と切り離した霞ヶ丘単独の）収支結果をお教えください。

問1-3. 新国立競技場の年間支出額は、約45億円と聞いています。その内訳を具体的にお教えください。

問2. 環境アセスメントについて

この計画は、環境や景観に深刻な影響を与えると、国民の注視の的となっています。環境アセスメントは行われるのでしょうか？　行う場合はその時期をお教えください。行わない場合はその根拠をお示しください。

問3. アジェンダ21との整合性

1999年にIOCが採択した「オリンピックムーブメンツ・アジェンダ21」にはこう記されています。

「既存の競技施設をできる限り最大限活用し、これを良好な状態に保ち、安全性を高めながらこれを確立し、環境への影響を弱める努力をしなければならない。既存施設を修理しても使用できない場合に限り、新しくスポーツ施設を建造することができる。新規施設の建築および建築地所について、これら施設は、地域にある制限条項に従わなければならず、また、まわりの自然や景観を損なうことなく設計されなければならない。」

新国立競技場のコンクールの募集要項と審査結果、そして現在進められている設計は、「既存の施設を最大限活用することなく」、「環境への影響を強めて」います。また、「地域にある制限条項に従わず」にデザインを募集し、「まわりの自然や景観を損なう」かたちで設計されています。以上のように、新国立競技場計画は、アジェンダ21に違反しています。現計画とアジェンダ21との整合性をお示しください。

＊　この公開質問状に対してJSCから「平成26年5月14日」付で回答が寄せられたが、膨大かつ詳細にわたるため、ここには収録しなかった。ご覧になりたい方は「手わたす会」のHPからどうぞ。

［資料４］　国立競技場を壊したくない10の理由

（これは2014年６月９日に「手わたす会」が作成した４頁のチラシ「さまざまな記憶のつまった私たちの国立競技場を改修して使い続けよう」の中面に記されたものです）

1. IOCのアジェンダ21（行動計画）を遵守しよう

IOC（国際オリンピック委員会）は開催都市に、リオ・デ・ジャネイロの環境サミットをふまえ、環境を守るために1999年に制定された「オリンピックムーブメンツ・アジェンダ21」を遵守することを求めています。そこには、「既存施設を修理しても使用できない場合に限り、新しくスポーツ施設を建造することができる」（3.2.2）と書いてあります。すでにJSC（日本スポーツ振興センター）が久米設計に依頼した改修計画があり、777億円で改修可能という報告が出ています。トイレ、エレベーター、レストラン、バリアフリー施設の付加もできます。これに従って改修しましょう。浮いた1,000億円は東北の被災地、ことに仮設学校の建て直しにまわしましょう。

2. 都心の緑を守ろう

アジェンダ21は「環境保全地域、地方、文化遺産と天然資源など全体を保護しなければならない」また「新規施設は…廻りの自然や景観を損なうことなく設計されなければならない」とも述べています。神宮外苑の緑は、明治天皇の葬儀が行われた場所に、なくなった後も天から人々がスポーツを楽しむ姿を見たい、という趣旨で、1926年に作られた洋風庭園です。まさに「sports for all ―みんなのスポーツ」。本多静六などの林学者らが協力討議し人工林ながら現在の森が育っています。IOCに従い、緑地と公園を守りましょう。

3. 文化財のバッファゾーン（緩衝帯）を守ろう

上記にあるように、「まわりの自然や景観を損なわない」というIOCの求めに応じ、重要文化財「聖徳絵画記念館」を正面に見るバロック的景観、歴史的文脈を守るのは当然のことです。文化財のバッファゾーンを守るこ

とはイギリス、ドイツ、フランスなどの先進国では特に義務づけられています。アジェンダ21は「競技施設は、土地利用計画に従って、自然か人工かを問わず、地域状況に調和してとけ込むように建築、改装されるべきである」（3.1.6）と述べてもいます。また施設は「地域にある制限条項に従わなければならない」ともいっており、高さ15mの風致地区、20mの高度地区がかけられていたこの土地の制限条項を守りましょう。さしたる論議もないまま、高さ制限を変えた東京都都市計画審議会は自らの過ちを反省し、元に戻さねばなりません。

4. 市民生活を守ろう

毎日、神宮外苑でジョギングや散歩、おしゃべりや憩いのひとときを過ごす人々の幸福権、隣接する都営霞ヶ丘団地の人々の居住権は日本国憲法が保証しています。「すべての個人が、尊厳を持って生活し、それぞれが属する社会で積極的に役割を果たすためには欠かせない文化的、物質的なニーズが満たされなければ、持続可能な発展は考えられない」というアジェンダ21が保護しなければならないものです（3.1）。また「宿命的少数派や社会で最も恵まれないメンバーに、特に注意を払わなければならない」と述べていますので、オリンピックを口実に路上生活者を排除しないということも、当然のことです。

5. われわれの聖地を大事にしよう

1958年のアジア大会のために建てられ、64年の東京オリンピックに改修された現在のスタジアムは、聖火台、壁画、織田ポールも含め、戦後の復興を果たした日本国民のシンボルであり、その後もサッカーの数々の名勝負が行われました。1936年完成のベルリンのオリンピックスタジアムが大事に継承されているように、レガシー（遺産）として継承したいものです。形状も似た初代の競技場で行なわれた戦時中の出陣学徒壮行会の記憶もそれには重なってくるでしょう。改修して使ったのちは、しかるべき文化財指定と活用が望まれます。

6. 環境に配慮しよう

アジェンダ21は競技場の素材、廃棄物などについても環境保護を優先させています。

屋根材には使えない化学物質による膜を使うことはできません。また有限な資源を考慮するならば、自然エネルギー由来ではない電気仕掛けの可動椅子、開閉屋根、屋根があるために必要な空調、雪の重みに耐えられないための融雪装置などを装備して電気を多用するのは慎まねばなりません。

7. 持続可能な開発をしよう

現行案では365日のうち40日くらいしか使うアテがありません。アジェンダが掲げる「持続可能な発展」のためには、巨額な建設費、維持費、改修費は避けなければなりません。未来の世代に対してツケとなるからで、オリンピックの後はどうともなれ、ではなく、ライフサイクルコスト（生涯費用)、ファシリティマネジメント（施設維持管理）の観点からも精査しなければなりません。そうしないと、北京の「鳥の巣」はじめたくさんのスタジアムがたどったと同じ運命、「ホワイトエレファント」（やっかいな持て余しもの）になってしまいます。

8. 使い道をよく考えよう

招致に酔い、とにかくワールドカップやオリンピックに使えればよい、というのでは無責任です。将来どう使うのか。国税で大イヴェント会場を作るのは論外です。ビジネスのための場所は興行師が独自にお考え下さい。サッカー、ラグビー、陸上、その観客数、可能な使用料、近隣のスタジアムとの競合なども精査し、一番効果的な方法を考えましょう。ラグビーの試合はガラガラ、陸上には高くて借りられないなどのことがないように。IOC はおおむね 6 万人以上の収容を要求しており、8 万人のスタジアムは招致都市が勝手に公約し、国会で決議しただけのまやかしの数字です。ロンドンのように仮設にしてダウンサイズする、仮設部分は五輪後に外して東北の津波避難タワーにするなどの知恵を絞りましょう。

9. 環境アセスメント（環境影響評価）をしっかりやろう

都は IOC の求めにより、環境アセスメントが義務づけられており、「環境負荷の最小化、自然と共生する都市計画、スポーツを通じた持続可能な環境づくり」とのすばらしい目標を掲げています。これをそのままやってもらいましょう。これが形骸化した「環境合わすメント」にならないよう、委員会だけでなく市民が監視する必要があります。

10. ステークホルダー（利害関係者）はパートナー

都の「2020年東京オリンピック・パラリンピック環境ガイドライン」では「NGO、地域団体、公的機関、有識者、民間セクターとの協力・対話を行い…レガシーにつながる戦略の実施」を呼びかけています。今まで新国立競技場計画は秘密主義で進められてきましたが、これを改め、ステークホルダーをパートナーとして位置づけ、協力協働してこそ、2020年のオリンピック・パラリンピックは祝福されるでしょう。

【資料5】　緊急声明

国立競技場の解体と神宮外苑の樹木伐採に抗議します

われら力及ばずして、長年愛され続けた国立競技場の解体を迎えた。

この間、景観の維持と競技場の改修を提案する36,000人余の当会賛同者の声、多くの建築家や文化人の声、意識調査でも約半数は「新国立競技場はそもそもいらない*」という広範な市民の声を無視し、日本スポーツ振興センター（JSC）は神宮外苑の樹木を大量に伐採し、巨大な競技場の建設に粛々と暴走している。（＊YAHOO ニュース．62,751票回答．2015年１月）

森喜朗東京オリンピック・パラリンピック組織委員会会長、下村博文文部科学大臣、都有地を供出した舛添要一東京都知事、JSC の河野一郎理事長、鬼澤佳弘理事、山崎雅男本部長らは数多くの問題があることを知りながら、計画を根本的に再考しようとはしなかった。これらの人々が、新国立競技場は都心のホワイト・エレファント（無用の長物）になることはない、将来世代に重荷を背負わせることはない、大丈夫だと言うからには将来にわたって責任を取るべきだと考える。またその根本には歴史や自然、景観に配慮しない新国立競技場国際デザイン・コンクールの募集要項を承認した有識者会議委員（次頁参照）、とりわけ国のスポーツ施設である競技場でコンサートなどをするために「屋根はマスト（必須条件）」と主張して、結果的に建設費と維持費の高騰を招いた都倉俊一委員、さらに国際的にアピールできるとして技術的にもコスト的にも困難であることを知りながら、募集要項に違反したザハ・ハディド案を選んだ安藤忠雄委員長らコンクールの審査委員も責任は重い。政治家と官僚が責任を取ることのないこの国で、あえて銘記しておく。

私たちは、新国立競技場を建物単体の問題として捉えてきたのではない。市民の共有財産である都市の風景をいかに守り育て、次の世代へ手わたしていくのか、そのためにどういう手続きと議論と知恵の積み重ねが必要かということを何度も訴えてきた。それはとりもなおさず、この国の民主主義が成り立っているのかという根本的な問題さえ突きつけている。

今、目の前では、レガシー（遺産）の活用とはほど遠い破壊行為が進ん

でいる。私たちは100年近く守られてきた神宮外苑の森と、戦後復興の象徴である国立競技場をわずか50年で取り壊し、未来の人たちに手わたすことができなかった悔しさを決して忘れない。そして、この活動を通じて手にした知見を、次に生かしていくことを誓う。

国立競技場将来構想有識者会議委員（敬称略、2014年）
委員長／佐藤禎一　元日本国政府ユネスコ代表部特命全権大使
副委員長／安西祐一郎　独立行政法人日本学術振興会理事長
建築 WG 座長／安藤忠雄　建築家
文化 WG 座長／都倉俊一　作曲家・一般社団法人日本音楽著作権協会会長
スポーツ WG 座長／小倉純二　公益財団法人日本サッカー協会名誉会長
石原慎太郎→猪瀬直樹→舛添要一　東京都知事
遠藤利明　スポーツ議員連盟幹事長・2020年東京オリンピック・パラリンピック競技大会組織委員会理事・衆議院議員
河野洋平→横川浩　公益財団法人日本陸上競技連盟会長
鈴木寛　文部科学省参与・元参議院議員
鈴木秀典　公益財団法人日本アンチ・ドーピング機構会長
竹田恆和　公益財団法人日本オリンピック委員会会長
張富士夫　公益財団法人日本体育協会会長
鳥原光憲　公益社団法人日本障害者スポーツ協会会長
森喜朗　公益財団法人日本ラグビー協会会長・東京オリンピック・パラリンピック競技大会組織委員会会長・元内閣総理大臣
笠浩史　2020年東京オリンピック・パラリンピック大会推進議員連盟幹事長代理・衆議院議員

2015年3月5日

神宮外苑と国立競技場を未来へ手わたす会 共同代表
（共同代表人名・肩書は略）

【資料６】 新国立競技場現行案に対する緊急市民提言

2015年６月16日

文部科学大臣　下村博文 様
日本スポーツ振興センター理事長　河野一郎 様

神宮外苑と国立競技場を未来へ手わたす会 共同代表
（共同代表人名・肩書は略）

1. 現行案をあきらめること

現行案がもつ５つの致命的なリスク（建設費、工期、技術的困難、維持費、環境負荷）を回避するため、現行案をあきらめ、計画を白紙に戻すこと。

2. 過去の競技場を指針とすること

国立競技場が解体され、更地になった現在だからこそ、神宮外苑の歴史的な意味と環境的な価値を直視して再考すること。そのためにあの場所に負荷のかからないように適切な規模で建設された過去２つの競技場（1924年に作られた神宮外苑競技場と1958年のアジア大会のために作られた国立競技場）を指針とすること。

3. アスリートやスポーツ関係者の意見を集約すること

新国立競技場で行われる競技（陸上、ラグビー、サッカー）にとって適切な機能や設備について、競技主体であるアスリートやスポーツ関係者の意見を集約し方針を定めること。

コンサート等文化イベントは、旧国立競技場と同様に、あくまでも競技場の機能の範囲内で開催すること。

4. 周辺を含めた総合的な検証を行うこと

現行案に欠落している環境への負荷、都市防災、交通問題、自由通路の必要性などの総合的な検証を早急に行うこと。

5. 既存の環境と現在の住民を尊重すること

明治公園や四季の庭などの緑地や公共的な都市公園が果たしてきた意味と、この場所に暮らし続けてきた都営霞ヶ丘アパートの住民を最大限尊重し、居住権を保障すること。

6. 現実の難題を考慮し、誰もが納得できる施設にすること

高齢社会、人口減少、生活を支える基礎インフラの劣化という難題と、東日本大震災の被災者の生活再建を考慮し、誰もが納得できるアジェンダ2020に沿ったオリンピック施設のあり方を再考すること。

7. 既存施設の活用を検討すること

その一方で、新国立競技場の新築にこだわることなく、他の場所にある既存のスタジアム（横浜、浦和、調布、駒沢等）の改修活用の可能性を検討すること。

8. 第三者検証委員会を設置すること

これほど問題の多い計画がなぜ、精査されることなく突き進んでしまったのかを検証し、二度とこのような事態を起こさないために、第三者による検証委員会を設置し、原因を追求すること。

その検証をふまえた上で、今後は方針決定のプロセスを公開し、市民参加の仕組みを作ること。

【資料7】 関連年表

年月日	国、自治体、JSC の動き	建築界・市民の動き
2005年（平成17年）		
3月18日	「明治神宮が神社本庁離脱直後に急浮上した外苑再開発計画。推定1兆円以上」週刊金曜日が報道	
2011年（平成23年）		
2月15日	ラグビーワールドカップ成功議連による国立競技場建て替え決議。初めて「新築」「8万人」が出る	
3月25日	久米設計が国立霞ヶ丘競技場陸上競技場耐震改修基本計画を提出（サブトラックを地下に設置、設計・1年、工期・2年、工事費・777億円、うち地下工事に110億円）	
6月24日	スポーツ基本法公布	
12月13日	閣議において2020年第32回オリンピック競技大会・第16回パラリンピック競技大会の東京招致が了承される	
2012年（平成24年）		
3月6日	日本スポーツ振興センター（JSC）第1回有識者会議、議題1、国立競技場の将来構想、2、ワーキンググループの設置	
3月30日	スポーツ基本法に基づくスポーツ基本計画が策定され、これにより「オリンピック・パラリンピック等の国際競技大会の招致・開催等を通じた国際交流・貢献の推進」が掲げられる	
7月13日	JSC第2回有識者会議、議題1、国	

	立競技場の改築に向けた論点整理について、2、新国立競技場基本構想デザイン公募について	
7月19日	霞ヶ丘アパート役員会（町会）に、東京都が移転要請	
7月20日	JSCが新国立競技場国際デザイン競技の手続き開始公告を出す	
8月26日	東京都主催（JSC同席）霞ヶ丘アパート移転説明会	
11月15日	JSC第3回有識者会議、議題1、新国立競技場基本構想国際デザイン競技の審査結果について、2、今後のプロセスについて	
11月16日	46応募作品の中からザハ・ハディド氏作品が最優秀賞と決まる	
11月27日	JSCが近隣住民に対して「国立霞ヶ丘競技場建替え計画概要説明会」を開催	
12月4日	JSCが「神宮外苑地区地区計画」の企画提案書を東京都に提出	
2013年（平成25年）		
1月21日	都市計画原案の公告・縦覧（意見書提出期限2月12日）	
2月19日	東京都から各区（新宿・港・渋谷）へ意見照会	
2月22日	東京都が都市計画案の説明会を開催	
2月25日	都市計画案の公告・縦覧（3月11日まで）	
4月	各区から東京都への意見回答	
5月17日	東京都都市計画審議会が20mの高さ規制を75mに緩和する再開発促進地区計画を承認し都知事に答申	
6月17日	都市計画決定告示	
8月15日		槇文彦氏、日本建築家協会発行の雑

		誌に「新国立競技場案を神宮外苑の歴史的文脈の中で考える」と題した論考を発表する
9月7日	IOC総会で2020年オリンピックの東京開催が決まる	
10月	財務省主計局より「国・地方とも財政改革が緊要な課題であることに鑑み、簡素を旨とし、大会の開催に係る施設については、既存施設の活用を図ること」とした『オリンピック・パラリンピック関係資料』が発表される	
10月11日		シンポジウム「新国立競技場案を神宮外苑の歴史的文脈の中で考える」開催。この様子はインターネットで中継され、新聞各紙、TVニュースでも報道される。登壇者：槇文彦（建築家）陣内秀信（建築史家、法政大学教授）宮台真司（社会学者、首都大学東京教授）大野秀敏（建築家、東京大学教授）
10月28日		＊神宮外苑と国立競技場を未来へ手わたす会（以下、手わたす会）設立
11月7日		槇文彦氏をはじめ建築家4名が文部科学省および東京都に「新国立競技場に関する要望書」を提出。発起人および賛同者に建築関係者など100人が名前を連ねる ＊手わたす会　ホームページ開始
11月13日		＊手わたす会共同代表による外苑ウォーク。東京新聞掲載
11月25日		＊手わたす会が内閣府、文部科学省、JSC、都知事に要望書・質問状および署名簿を提出。都庁で記者会見 ＊手わたす会が公開座談会「市民とともに考える新国立競技場の着地点」を開催 登壇者：松隈洋（建築史家、京都工

		芸織維大学教授）藤本昌也（建築家、日本建築士会連合会名誉会長）日置雅晴（弁護士、早稲田大学教授）平良敬一（建築評論家、「住宅建築」相談役）渡辺邦夫（構造設計家、新国立競技場デザインコンクール応募者）森山高至（建築エコノミスト） 司会：森まゆみ（作家／手わたす会）
11月26日	JSC 第 4 回有識者会議開催	
11月28日	自民党無駄撲滅プロジェクトチーム（以下PT）により新国立競技場に関するヒアリング実施（JSC 側の主張　現国立競技場の耐震改修費用は700億円、コンペ条件の工事予算費用1,300億円は日産スタジアム700億円を参照、屋根付きにすることで100～150億円のコスト増となるが年間12日程度のコンサート利用・4 億8,000万円の収入が考えられる）	＊手わたす会　change.org で「神宮外苑の青空と銀杏並木の風景を守ろう！　巨額の建設費をかけない、いまある国立競技場を直して使おう」キャンペーンを立ち上げ、ネット賛同署名を集め始める
11月30日		＊手わたす会　第 1 回外苑ウォーク実施
12月13日		＊手わたす会　青柳文化庁長官に要望書を提出
12月24日		＊手わたす会　JSC、安藤忠雄氏宛に公開質問状を送付
12月27日	自民党無駄撲滅 PT による第 2 回ヒアリング（本体工事予算の上限・1,388億円、ランニングコストの赤字補填を行わないことを確認）	
2014年（平成26年）		
1 月 4 日		＊手わたす会　葛西臨海公園見学。現地ボランティアや野鳥の会会員と意見交換
1 月10日		＊手わたす会　都知事選立候補予定者に公開質問状を送付

1月14日		＊手わたす会　公開勉強会「みんなで学ぼう新国立競技場のあり方」を開催 登壇者：森まゆみ（作家／手わたす会）鈴木知幸（2016年東京オリンピック招致準備担当課長）沖塩荘一郎（日本ファシリティマネジメント協会顧問、東京理科大学名誉教授）森山高至（建築エコノミスト）山本想太郎（建築家、日本建築家協会デザイン部会長）
1月31日	JSCより手わたす会へ12月24日付公開質問状に対する回答 安藤委員長からの返答はなし	
2月3日		＊手わたす会　文科省で白間課長、JSC山崎本部長と面談
2月4日		槇文彦氏、外国人記者クラブでスピーチ
2月5日	参議院予算委員会にて有田芳生議員が新国立競技場建設について質問 （ハディド氏に監修料として13億円支払うこと、競技場利用による年間収入50億円、維持管理約46億円、約4億円の黒字となる試算が示される）	
2月9日	舛添要一氏が東京都知事に	
2月18日		＊手わたす会　公開勉強会「スポーツ施設としての新国立競技場を考えよう」を開催 登壇者：森まゆみ（作家／手わたす会）後藤健生（スポーツジャーナリスト）鈴木知幸（2016年東京オリンピック招致準備担当課長）今川憲英（建築家、東京電機大学教授）
2月27日		＊手わたす会　JSCに再度新競技場に関する公開質問状を送付

3月3日		＊手わたす会　舛添都知事、文科省にオリンピックムーブメンツ・アジェンダ21遵守の要望書を提出　都庁で記者会見
3月14日	参議院予算委員会にて蓮舫議員が新国立競技場について質問 （現競技場の解体及び新競技場の建設費用計2,000億円は国・都・JSCが分担するが現在協議中であり、その割合は未定であると久保公人文科省スポーツ青少年局長回答）	
3月15日		＊手わたす会　第2回外苑ウォーク実施
3月24日	JSC解体の入札を公告	＊手わたす会　公開勉強会「新国立競技場、このままでほんとにいいの？」を開催 登壇者：森まゆみ（作家／手わたす会）松原隆一郎（社会経済学者、東京大学教授）柳沢厚（日本都市計画協会理事、C-まち計画室代表）横河健（建築家、日本大学教授）東京大学工学部建築学科3年2名
3月27日		＊手わたす会　JOCにオリンピックムーブメンツ・アジェンダ21遵守の要望書を提出 平凡社より『新国立競技場、何が問題か　オリンピックの17日間と神宮の杜100年』槇文彦他編著出版
3月31日		＊手わたす会　トーマス・バッハIOC会長に新国立競技場をオリンピックムーブメンツ・アジェンダ21遵守の要望書を送付 シンクタンク構想日本のフォーラムで新国立競技場問題がテーマに
4月4日		＊岩波ブックレット『異議あり！新国立競技場』森まゆみ編出版
4月5日		＊手わたす会　JSCによる現国立競

		技場解体工事入札に対し抗議文を送付
4月16日	東京都が2020年東京オリンピック環境アセスメント調査計画書に関する意見募集（締切4月16日）を行う	
4月23日		『新国立競技場、何が問題か』出版記念シンポジウムが開催される 登壇者：槇文彦（建築家）大野秀敏（建築家、東京大学教授）森まゆみ（作家／手わたす会）陣内秀信（建築史家、法政大学教授）
5月12日		シンポジウム「新国立競技場のもう一つの可能性」が開催される 登壇者：中沢新一（文化人類学者、明治大学野生の科学研究所長）伊東豊雄（建築家）森山高至（建築エコノミスト）司会：松隈洋（建築史家、京都工芸繊維大学教授）
5月15日	第43回みなとスポーツフォーラム「2019年ラグビーワールドカップに向けて」JSC山崎本部長登壇し、競技場の説明を行う	＊JSCより手わたす会に2月27日付公開質問状の回答が届く
5月21日	衆議院文部科学委員会で日本共産党宮本岳志議員が質問し、異論に耳傾け民主的手続きの徹底をはかるよう求める	＊手わたす会　内閣総理大臣、文科大臣、JSC、都知事宛「国立競技場の解体中止と改修検討を求める要望書」を送付
5月22日	東京都議会　日本共産党東京都議団　国立競技場解体中止の見解記者会見	
5月23日		日本建築家協会が文部科学省・東京都・JSCに対し、国立競技場解体中止の要望書を提出する
5月28日	JSC、新国立競技場の基本設計を発表、第5回有識者会議でこれを了承する 2020年東京五輪環境アセスメント	＊手わたす会が3月31日にIOCに向け送付した要望書の返信が届く

	評価委員会、五輪会場などに関する環境影響評価書を作成する際の留意点をまとめ、都環境局長に意見具申を行う	
5月29日	JSC解体入札の開札（応札がすべて予定価額を上回る）	
5月30日	JSCが新国立競技場基本構想国際デザイン競技報告書（競技概要・応募状況・審査概要・質疑）を公表	
5月31日	JSCデザイン・コンクールの審査報告書をHPで公表	＊手わたす会　バッハIOC会長に宛て、改めて要望書を送付する ＊手わたす会大橋智子、新日本スポーツ連盟主催のシンポジウムに登壇者として参加
6月5日	渋谷区議会オリ・パラ特別委員会と新国立競技場周辺住民代表者との懇談会が開催される	国際影響評価学会元会長原科幸彦氏、IOCバッハ会長宛に手紙を送付
6月9日	JSCは競技場取り壊し業務入札が不落であったことを発表	
6月10日		＊手わたす会　文科相、都知事、オリ・パラ組織委会長、JSC宛緊急要望書「使いやすく愛される競技場を作るために、解体を半年延期し、検討委員会を設置してください」提出 ＊手わたす会　JSC鬼澤理事と面談。森山高至氏同行
6月13日		外国人記者クラブにて競技場問題記者会見　登壇者：原科幸彦（千葉商科大学教授）大野秀敏（東京大学教授）エドワード鈴木（建築家）森山高至（建築エコノミスト）清水伸子（手わたす会） 建築家槇文彦氏、IOCバッハ会長に手紙を送付
6月15日		＊手わたす会　シンポジウム「神宮の森から新国立競技場を考える」を

		開催　登壇者：三上岳彦（首都大学東京名誉教授）原科幸彦（千葉商科大学教授）大澤昭彦（東京工業大学助教）　会のあと神宮ウォーク
6月23日		＊手わたす会　都知事宛「新国立競技場に都民の税金を使わないように要望いたします」提出 ＊手わたす会有志4名　都議会議長宛「新国立競技場建設の見直しに関する陳情」提出（9月12日都議会文教委員会で不採択）
6月25日	IOC調整委員会のコーツ委員長らが準備状況視察および東京五輪組織委員会と協議のため訪日、27日に記者会見を行う JSC解体再入札を公告（条件を緩和して解体専門業者の入札を可とした）	＊手わたす会清水伸子、マーク・アダムスIOC主席報道官他と面談 ＊森まゆみ、朝日新聞に「引き返す勇気を持とう」を発表
6月30日		＊手わたす会に5月31日付IOC宛の手紙の返事が届く
7月5日		「国立さんを囲む会」実施　70mの高さに赤い風船を上げる！ ＊手わたす会　馬車を走らせる
7月7日	JSCによる建築関連団体に向けた新国立競技場計画に関する説明会が行われる（非公開）	
7月9日		原科幸彦、大野秀敏、三上岳彦、錦澤滋雄の各氏が連名でIOCコーツ委員長宛て書簡 IOCアジェンダに準拠した環境アセスメントの実施を求めるステークホルダーズ会議が都知事、オリ・パラアセスメント評価委柳憲一郎会長宛て意見書を送付
7月11日		参加と合意形成研究会キックオフシンポジウム「新国立競技場計画の持続可能性は」登壇者：浜野安宏（ライフスタイルプロデューサー）大野

		秀敏（東京大学教授）森山高至（建築エコノミスト）鈴木知幸（2016年東京オリンピック招致準備担当課長）三上岳彦（首都大学東京名誉教授）原科幸彦（千葉商科大学教授）森まゆみ（作家／手わたす会）
7月12日		日本建築家協会関東支部によるシンポジウム「新国立競技場とオリンピック施設計画に何が必要か？」登壇者：元倉眞琴（建築家）森まゆみ（作家／手わたす会）坂井文（北海道大学准教授）上浪寛（JIA関東甲信越支部長）
7月15日		霞ヶ丘アパートを考える会　記者会見　住民と共にアンケート結果を発表
7月17日	JSC解体再入札の開札　予想価格を下回る応札があったため、契約を留保し調査を行うと発表（落札者保留　最低価額で入札したフジムラを特別重点調査対象に） 欧州4ヶ国（オーストリア・ドイツ・スイス・スウェーデン）が招致プロセス、オリンピックの費用および規模についての提言書をIOCに提出	7月7日の説明会をうけ、建築関連団体がJSCに質問書を提出（8月8日付で回答）
7月21日		国際シンポジウム「都市と建築の美学─新国立競技場問題を契機に」美学会主催　槇文彦氏発表
7月23日		東京芸大教授が国立競技場の保存を求める意見書を国・JSCに提出
7月24日		＊手わたす会　財務省に要望書提出
7月25日	JSCがフジムラを入札無効としたため、フジムラはJSCに官製談合の疑いありと伝える	
7月28日	JSCは公正取引委員会に官製談合の疑いを連絡	

7月30日		参加と合意形成研究会、中間報告会
7月31日	JSCサイトにある国立競技場建て替えに関する「よくあるお問い合わせ」が更新される	＊change.orgのネット署名が32,000筆に達する
8月1日	JSCが渋谷区議会に第2回説明会を行う	日本建築家協会、JSCに追加質問書を提出（8月22日付で回答）
8月5日	環境省「2020年東京オリンピック・パラリンピック東京大会を契機とした環境配慮の推進について」を公表	
8月6日	7月7日に行われた建築関係団体向け説明会の概要が公開される	
8月8日		＊手わたす会　日本陸上競技連盟訪問（陸上競技施設の在り方についてヒアリング）
8月19日	JSC　新国立の収支を修正　収入38億　支出35億　黒字3億	
8月27日	JSCが再入札の落札者を南北工区とも関東建設興業と公表	
8月28日	フジムラ、内閣府の政府調達苦情検討委員会に苦情申し立て	
9月12日	JSC解体業者未定のまま近隣住民向け解体工事説明会開催	
9月16日		＊手わたす会　緊急声明「JSCによる現国立競技場解体工事着手に強く抗議する」を公表　都庁で記者会見
9月23日		＊手わたす会上村千寿子　日本景観学会2014秋季大会「巨大構造物と景観」で「新国立競技場」について報告
9月25日	自民党無駄撲滅PTが再度新国立競技場整備問題を取り上げる 出席者：河野太郎議員、馳浩議員、橋本聖子議員、大内達史（建築士事務所協会会長）鈴木知幸（2016年東京オリンピック招致準備担当	

	課長）内藤廣（東京大学名誉教授、新国立競技場コンペ選定審査員）中村勉（東京建築士会会長）森山高至（建築エコノミスト）和田章（東京工業大学名誉教授、新国立競技場設計アドバイザー、元日本建築学会会長）文部科学省、JSC、ザハ・ハディド日本事務所　森まゆみ、大野秀敏同行	
9月26日		＊手わたす会　シンポジウム「それでも異議あり、新国立競技場—戦後最大の愚挙を考える」日本青年館 ＊手わたす会　決意声明「私たちは決してあきらめない」
9月30日	内閣府の政府調達苦情検討委員会は、入札手続きに問題があったとして、入札をやり直すよう求める報告書をまとめる	
10月1日		日本建築学会主催「建築文化週間2014」のイベントとして、建築夜楽校第1夜「新国立競技場の議論から東京を考える」が田町の建築会館ホールにて開催される。登壇者：槇文彦・内藤廣・青井哲人・浅子佳英、コメンテーター：五十嵐太郎、モデレーター：松田達
10月2日	森喜朗オリ・パラ組織委員会会長が無駄撲滅PTのヒアリングについて不快感を表明する	
10月9日		建築夜楽校第2夜「オリンピック以降の東京」登壇者：市川宏雄・白井宏昌・為末大、コメンテーター：中島直人・五十嵐太郎、モデレーター：藤村龍至
10月18日	東京オペラシティ・アートギャラリーにてザハ・ハディド展始まる（12月23日まで）	

10月21日	JSC 解体の再々入札を公告	
10月23日		建築家フォーラム「都市空間や建築を伝えるために建築家と建築の門外漢がしっかりとスクラムを組めるか」今川憲英＋手わたす会(大橋智子、上村千寿子、酒井美和子、清水伸子)
10月31日		日本建築家協会、9月8日に開催された「新国立競技場に関する追加説明・意見交換会」の開催概要と資料を公開
11月5日		磯崎新氏、「新国立競技場は将来「粗大ゴミ」になる。2020東京オリンピック開会式は二重橋前広場で」という文書を公開
11月19日	磯崎氏、大橋氏（ザハ事務所）が外国人記者クラブで会見	
11月20日		＊手わたす会清水伸子 IOC マーク・アダムス主席報道官他と面談
11月21日		日本建築家協会、「新国立競技場に関する追加説明・意見交換会」を受けて、JSC に見解及び要望書を提出
12月3日	JSC は3度目となる競技場解体入札の開札を行ったものの低入札価格調査を行うと発表	
12月5日	ザハ氏による反論が *dezeen* 誌に掲載される	
12月15日	JSC、南工区を関東建設興業が落札と発表	
12月16日		＊手わたす会　JSC 鬼澤理事、山崎本部長と面談
12月19日	JSC、北工区をフジムラが落札と発表	
12月29日		＊手わたす会　JSC に解体業者についての質問状送付

2015年（平成27年）		
1月7日	JSC、国立霞ヶ丘陸上競技場等とりこわし工事（北工区・南工区）、工事計画変更などの追加住民説明会（四谷区民ホール）	
1月17日		＊手わたす会　外苑キラキラウォーク開催
3月3日	競技場の解体始まる	
3月4日	日本青年館の解体および新国立競技場建設に関する住民説明会（津田ホール）	
3月5日		＊手わたす会　緊急声明発表「国立競技場の解体と神宮外苑の樹木伐採に抗議します」
4月24日		日本学術会議「神宮外苑の環境と新国立競技場の調和と向上に関する提言」
5月11日		＊手わたす会　まだまだ終わらない勉強会1「景観は誰のものか」講師　東郷和彦
5月15日		スポーツ報知「民間会社が950億で出来る格安案を文科省などに提示。政府内に支持広がる」
5月16日		スポーツ報知「オリンピック後は野球チームのフランチャイズに」
5月18日	下村文科相、「開閉式膜はオリンピック後につける。1万5,000席は仮設で手動式に」。舛添都知事に500億の負担を要請しに行ったさいの発言。舛添知事反発、「一切聞いていない」「都民の納得が必要」。都と文科省の対立厳しくなる	
5月19日	NHKニュース　下村文科相「五輪後の屋根の設置、開催に影響はない」	
5月22日		朝日社説「お粗末と言うしかない。

		甘すぎた構想、猛省を」
5月24日	下村文科相「公約の破棄、日本の信頼損なう」（産経）	
5月26日		日経「目にあまる、新国立の迷走」
5月27日	五輪担当相、五輪推進本部を設ける特別措置法が参議院本会議で可決	
5月28日	東京都建築許可のための公聴会開催	
5月29日	森組織委員会会長「どっちもどっち。知事の資格ない」	槇グループ（大野秀敏・中村勉・古市徹雄・元倉眞琴・山本圭介）、低いキールアーチがコストを押し上げ技術的な無理も生むとして中止を進言。観客席だけに庇がかかるシンプルなものを日本チームで作るべきと
6月1日	下村文科相「開閉式屋根がなくても五輪には差し支えない。いままで騒音公害のためコンサートが年に1、2回しか開けなかったが、コンサートを年間10回やれば黒字になると発言」（スポーツ報知）（コンサートを10回やれば黒字というのは誤り）	
6月4日		＊手わたす会、舛添都知事宛、500億の都税出費について、四季の庭や明治公園の土地所有について、都計審の規制緩和についてなど要望と質問状を提出
6月5日		槇文彦氏、事務所で記者会見「キールアーチをやめ、シンプルで洗練された競技場を。42ヶ月でできる。維持費も70億でなく26億程度」
6月11日	朝日新聞報道、下村文科相「明確な責任者が誰なのかよくわからないまま来てしまった」、舛添知事「都民の生命と財産を守るのが第一の仕事」	

6月12日	森喜朗オリ・パラ組織委員会会長「それぞれ自覚してくれないと」「3,000～4,000億かかっても立派なものを」	
6月16日		＊手わたす会記者会見「新国立競技場現行案に対する緊急市民提言」 ＊勉強会2「真国立競技場へ」講師 森山高至
6月17日	自民党無駄撲滅PT、槇文彦氏を招聘、意見を聞く。JSC、文科省などの当事者も参加	
6月18日	下村文科相、槇文彦氏と会談。「謙虚に耳を傾ける」	
6月22日		霞ヶ丘アパート住民による記者会見「計画を見直し、住民の声に耳を傾けよ」
6月24日	政府「現行デザイン案でゼネコンと契約」「アーチを維持、総工費2,520億円。2014年6月時点より900億円増」。このほか、先送りする開閉式屋根を付ければ総工費2,820億（予定）に膨らむ JSC、日本青年館の本棟新築工事を164億7,000万円で。安藤・ハザマが落札	
6月25日	遠藤利明衆議院議員がオリパラ担当相に就任	
6月29日	都の建築審査会、新国立の用途許可に同意。本来なら第二種中高層住居専用地域で大規模スタジアムは建たない。委員より「市民の意見を吸い上げよ」 下村文科相、オリンピック・パラリンピック組織委員会調整会議で、ザハ案を前提で進めると報告	
6月30日	下村文科相、「予定よりやはり高い。国民に協力してもらう工夫を」	

	とネーミングライツや民間からの寄付を募る方針	
7月1日		日本経済新聞「都知事、有識者会議で負担根拠聞く　新国立競技場」
7月5日		読売新聞調査、81パーセントが「計画を見直すべき」 毎日新聞　「新国立競技場どうする」池上彰氏「過去の日本の悪弊の全てを体現する新国立競技場の建設計画」
7月6日		朝日「新国立競技場――見切り発車は禍根残す」「議論がつくされていない」 ＊手わたす会勉強会3「新国立競技場は、ほんとうに使えるものになるのか？」講師：鈴木知幸　司会：森まゆみ　有森裕子さん発言
7月7日	JSC有識者会議開く。2,520億円で了承と発表。安藤忠雄氏欠席	
7月9日	JSCが大成建設と新国立競技場（仮称）新営工事（スタンド工区）における一部建設資材の契約、約33億円	＊手わたす会　緊急声明「神宮外苑100年の森を守るために。2,520億円の新国立競技場を許さない」
7月12日		＊手わたす会　国会請願・事項1　現行案の中止、事項2　簡素で使いやすいスタジアムを求め、署名活動を開始
7月14日		＊手わたす会　下村文科大臣、JSC宛公開質問状送付　回答期限7月28日
7月15日		＊手わたす会　IOCコーツ東京オリンピック調整委員会委員長宛「計画見直し容認表明のお願い」 ＊change.orgのネット署名が50,000筆に達する
7月16日	安藤忠雄氏記者会見。大きい建物はやったことがないので工事費は	

	わからないと発言 大野秀敏氏、森山高至氏　有識者として自民党若手議員有志勉強会に招聘される	
7月17日	安倍首相が白紙撤回を発表	＊change.org のネット署名が80,000筆に達する 日本建築家協会、「新国立競技場計画見直しへの提言について」発表 ＊手わたす会　安藤忠雄氏宛「新国立競技場の記者会見に関する公開質問状」送付　回答期限7/31
7月18日		＊手わたす会「計画の白紙撤回を受けて」を賛同者、メディアに送信
7月21日	内閣内関係閣僚会議初会合	
7月23日	JSC、有識者会議の解散を発表 文科省、霞ヶ丘アパート廃止白紙撤回を明らかにする 舛添都知事「下村文科大臣は辞任するしかない」との考えを示す	
7月24日		日本建築家協会、日本建築士会連合会、日本建築士事務所協会連合会、「新国立競技場整備計画再検討にあたっての提言」を「新国立競技場整備計画再検討のための関係閣僚会議」へ提出
7月26日		＊change.org のネット署名が84,645筆に達する
7月29日	クアラルンプールで IOC 理事会開催　森喜朗会長が出席し、新国立競技場見直しを報告　バッハ IOC 会長了承し、今後も注視すると発言	
7月30日		槇グループ国際文化会館で記者会見「8万人収容の観客席のうち2～3万人を仮設としオリパラ終了後、縮小すべき」と提言 ＊手わたす会、参議院議員会館101会

		議室で集会。国会請願6,641筆を12名の紹介議員に託す。change.org の署名87,310筆は内閣府および文科省に提出

著者略歴

（もり・まゆみ）

1954年，東京都文京区生まれ．早稲田大学政治経済学部卒業．地域雑誌『谷中・根津・千駄木』を1984年に仲間とともに創刊，2009年の終刊まで編集人を務める．作家・編集者．日本ナショナルトラスト理事．著書『谷中スケッチブック』（ちくま文庫 1994）『明治東京畸人傳』（新潮社 1996，中公文庫 2013）『抱きしめる，東京』（講談社文庫 1997，ポプラ文庫 2010）『寺暮らし』（みすず書房 1997，集英社文庫 2006）『鷗外の坂』（新潮社 1997，芸術選奨文部大臣新人賞，新潮文庫 2000）『一葉の四季』（岩波新書 2001）『「即興詩人のイタリア」』（講談社 2003，JTB紀行文学大賞，ちくま文庫 2011）『東京遺産』（岩波新書 2003）『彰義隊遺聞』（新潮社 2004，北東文芸賞，新潮文庫 2008）『女三人のシベリア鉄道』（集英社 2009，集英社文庫 2012）『明るい原田病日記』（亜紀書房 2010）『『青鞜』の冒険』（平凡社 2013，紫式部文学賞）『女のきっぷ』（岩波書店 2014）『「谷根千」地図で時間旅行』（晶文社 2015）など多数．

森まゆみ

森のなかのスタジアム

新国立競技場暴走を考える

2015年 9 月 14 日　印刷
2015年 9 月 25 日　発行

発行所　株式会社 みすず書房
〒113-0033 東京都文京区本郷 5 丁目 32-21
電話 03-3814-0131(営業) 03-3815-9181(編集)
http://www.msz.co.jp

本文組版　キャップス
本文印刷・製本所　中央精版印刷
扉・表紙・カバー印刷所　リヒトプランニング

ISBN 978-4-622-07949-1
［もりのなかのスタジアム］